意大利料理
招牌开胃菜
146 款

日本柴田书店 编
佟凡 译

Stuzzichini e Antipasti 146

中国轻工业出版社

意大利料理的精髓所在

虽然意大利面和肉料理都很美味，不过当大家想要愉悦地享用意大利料理并与美酒搭配时，脑海中浮现最多的其实是开胃菜。所以我要大胆地说一句，意大利料理的精髓就在开胃菜中，如果用来配酒更是如此。

开胃菜色彩鲜艳、季节感分明、味道富有层次，从种类丰富的开胃菜中同样能体会到"挑选的乐趣"，对于熟悉餐酒文化的客人来说，也许会从本能出发，爱上意大利开胃菜的味道。

本书中将要登场的是擅长制作开胃菜，并且酷爱葡萄酒的10位主厨。料理的主题是"适合与美酒搭配的开胃菜"。

这里既有套餐中的小菜，也有可以单点的菜品。有从当地食材中得到灵感的料理，也有能够传达出当地文化的乡土料理，还有使用炭火、经过主厨创意制作的加工肉菜。一道道种类丰富的意大利料理百花齐放，而这10家店还有一项共同之处。

那就是在简单中散发着高品质的气息。无论菜品还是店内装潢，这些餐厅看起来自然而不造作，经过无数次打磨，才能让客人心中涌起"想要再喝一杯"的冲动，激发出客人的食欲，让他们"想要再加一道适合搭配葡萄酒的菜"。

下面，我将为大家一一介绍让客人想要再喝一杯的146款开胃菜。

目　录

下酒菜和小菜

蔬菜类

沙拉、腌菜

煮物、烧烤

炖菜、汤品

海鲜类

刺身、炙烤

烤物、炸物

足量肉

自制加工肉

本书使用说明

分量及菜谱会随食材的状态、季节、用餐人数发生变化，需根据情况调整。

基础酱料和一部分食材的预处理方法在书的末尾集中列出。

特级初榨橄榄油用来提香。在加热等无须特别重视香味的情况下，可以使用纯橄榄油（书中写作橄榄油）代替。

菜谱中的胡椒粉如果没有特别说明，则为黑胡椒粉。

下酒菜和小菜

简单下酒菜

佩科里诺奶酪配香梨
Gigi

只需要切好食材后装盘就能端上桌的开胃菜，水果的酸甜味与奶酪的咸香味融为一体，能激发食欲。添加蜂蜜和橄榄油后同样美味。

材料（1盘）

香梨·······························1/2个
佩科里诺奶酪※·····················30g
胡椒粉·····························少许
蜂蜜、特级初榨橄榄油··············各适量
※使用托斯卡纳产的佩科里诺软奶酪。

做法

1 │ 香梨去皮，切成5mm厚的小片。

2 │ 切掉佩科里诺奶酪外层的硬皮，同样切成小片。

3 │ 将香梨和佩科里诺奶酪叠放在盘子里，注意平衡，撒上胡椒粉。按照喜好淋上蜂蜜和特级初榨橄榄油后食用。

———

一道简单的小菜，可以很快上桌，适合当作餐前的下酒菜，或者作为两道主菜之间的小菜。

———

腌橄榄
IL PISTACCHIO da Saro

用牛至、红葡萄酒醋与蒜调味的橄榄，是西西里岛的常见菜品，加入蔬菜后就像沙拉。放置一段时间后会更加入味，适合作为常备菜品。

材料（4盘）

绿橄榄（盐水腌制）·····················500g
胡萝卜····································2根
芹菜······································1根
欧芹、牛至、红葡萄酒醋、特级初榨橄
榄油、蒜、盐、胡椒粉·············各适量

做法

1 | 胡萝卜去皮，切成小片。芹菜茎切大块，叶子切碎。欧芹切碎。

2 | 将沥干水分的绿橄榄和步骤1的食材放入碗中混合，加入牛至、红葡萄酒醋、特级初榨橄榄油、蒜、盐和胡椒粉，搅拌均匀后装盘。

生火腿薄饼
Quindi

将生火腿熬出的新鲜汤汁用葛粉制成固体，干燥后就是口感香脆的小吃。富含营养的生火腿边角肉也可以通过这种方法得到充分利用。

材料

生火腿······························100g
水··································500mL
葛粉·································50g
油（橄榄油）························适量

做法

1 | 生火腿切薄片，和水一起放入锅中煮沸。水开后保持92℃，小火煮至水剩一半为止。

2 | 将步骤1的食材冷却，加入葛粉后继续煮。用橡胶刮刀等工具搅拌，加热至变成透明、黏稠的液体为止。

3 | 将步骤2的食材倒在烤盘中，铺成薄薄一片。放入110℃预热的烤箱中烤至水分全部蒸发。

4 | 分成方便食用的大小，放入120℃的油中炸。控油后装盘。

腌姜片
falò

"分量精致的单点小菜，推荐给吃完饭后想要再喝一杯的人。"这是坚村主厨创作的意大利风格腌姜片，特意做出美味简餐的感觉，经过多次尝试，最后选择了粉色的利口酒、也就是胭脂红利口酒。

材料（方便制作的量）

鲜姜······································· 2kg
蘘荷······································· 500g

腌泡汁

白葡萄酒 ··························· 1.4L
白葡萄酒醋 ························ 1.4L
细砂糖 ······························ 525g
胭脂红利口酒※ ··········· 150mL
盐 ······································· 70g
白胡椒粒 ···························· 5g
月桂叶 ································ 3片
芫荽籽 ································ 6g
干辣椒 ································ 3根
丁香 ···································· 3g

※胭脂红利口酒：托斯卡纳产利口酒。具有鲜艳的红色和玫瑰香气，经常用在英式甜羹等甜品中。

做法

1 | 制作腌泡汁。将白葡萄酒倒入锅中，加热使酒精挥发。加入其他材料，煮沸。

2 | 鲜姜去皮，切薄片，焯水调整辣度（也可以不焯水，直接使用）。

3 | 将步骤1和步骤2的食材混合，加入切成薄片的蘘荷，煮沸后关火，冷却。

土豆沙拉
falò

能立刻端上桌的一道下酒菜，制作过程中始终不能忘记它是"土豆沙拉"。材料中加入了熏青花鱼和中国台湾的山胡椒粉，别有一番风味。菜名传达出了亲切感，因此成为颇受欢迎的一道菜。

材料（方便制作的量）

土豆······································· 2kg
盐 ·············· 30g（约是土豆的1.5%）
黄瓜······································· 3根
洋葱······································· 180g

A

刺山柑花蕾（醋腌）················ 120g
腌菜···································· 220g
酸奶油 ······························ 150g
蛋黄酱 ······························ 380g
马告※ ································ 22g
熏青花鱼 ···························· 270g
胡椒粉 ···适量

※中国台湾产的山胡椒粉，有柠檬叶的清香和山椒的辣味。

做法

1 | 蒸土豆，去皮后切小丁，撒盐腌制。

2 | 黄瓜、洋葱切片，加入1.5%的盐水（材料外）浸泡，去除洋葱的辣味后充分沥干水分。

3 | 将步骤1和步骤2的食材与材料A放入碗中（刺山柑花蕾切成3mm见方的丁，熏青花鱼撕小块），充分搅拌后装盘，撒胡椒粉。

松露意大利奶冻
配香菇蛋奶酥
Bricca

装在小瓶中，松露风味的意大利奶冻搭配香菇风味的蛋奶酥。可以先单独品尝意大利奶冻，然后加入切开的蛋奶酥，享受口感的变化。

材料（方便制作的量）

松露意大利奶冻

松露糊	10g
牛奶	100mL
鲜奶油	100mL
明胶片	4g
盐	适量

香菇蛋奶酥

香菇汁※	70g
干燥蛋清	10g

※用水熬制香菇后过滤出的汤汁。这里用的是干香菇。

做法

松露意大利奶冻

1 | 将牛奶和鲜奶油倒入锅中加热，加入松露糊后搅拌均匀，加盐调味。

2 | 将步骤1的食材放进碗里，加入明胶片化开，然后放在冰块上冷却并搅匀。

3 | 步骤2的食材凝固后倒入小瓶中，放入冰箱冷藏。

香菇蛋奶酥

1 | 在香菇汁中加入干燥蛋清，用搅拌机搅拌成凝固的奶酥。

2 | 将步骤1的食材放入裱花袋中，在烤盘上挤出直径2cm左右的圆球，低温烘烤，注意不能让食材变色。

摆盘

将装有松露意大利奶冻的小瓶放在盘子上，旁边搭配香菇蛋奶酥。

渣酿白兰地腌鱼子配番红花奶酪
Quindi

意大利风格的腌鱼子大多是干燥后切片制作，而这道菜则充分利用了日式加工法。腌鱼子用渣酿白兰地腌制并风干，加入了丰富的后味，切成和日式腌鱼子相同的形状，和意大利乳清奶酪搭配食用。

材料（方便制作的量）

腌鱼子

鲻鱼的卵巢 ·························	2kg
盐	
饱和盐水	
盐水（浓度1.5%）	
渣酿白兰地 ·························	各适量

番红花奶酪

牛奶 ····························	100mL
盐 ·····························	10g
番红花 ··························	3根
意大利乳清奶酪 ·················	200g

做法

腌鱼子

1 | 在鲻鱼的卵巢上涂满盐，静置1天左右，让水分蒸发。

2 | 在水中溶解足够多的盐，做成饱和盐水（1L大约需要300g盐）。将步骤1的食材放入其中，浸泡约4天。

3 | 将腌鱼子浸泡在浓度为1.5%的盐水中，半天换一次水，在同样浓度的盐水中浸泡约2天，去除盐分。

4 | 沥干水分，在腌鱼子表面涂上渣酿白兰地。充分入味后风干，每天翻2次面，每次都要重新涂抹渣酿白兰地。重复这道工序1周。

5 | 在阳光下让腌鱼子充分干燥，然后冷藏1周。

番红花奶酪

1 | 在牛奶中加入盐和番红花，在冷藏室中发酵约4天。

2 | 将过滤后的步骤1的食材和意大利乳清奶酪放入碗中，将碗放在热水中，使奶酪化开。

3 | 将步骤2的食材倒入保鲜膜中，凝固成直径约4cm的半月形，和腌鱼子的形状相同。

4 | 在冷藏室里发酵1周左右。

摆盘

将腌鱼子和番红花奶酪都切成约3mm厚的片，叠放在盘中。

熏野猪舌、意式腊肠和鹿里脊风干肉片
Bricca

金田主厨擅长制作加工肉，他会在餐间和餐后为顾客提供加工肉制成的下酒菜。图中是搭配苹果白兰地等餐后酒的示例，熏制加工肉同样适合搭配威士忌。

材料（方便制作的量）

熏野猪舌（左）

野猪舌 ································· 1个
盐 ····················· 猪舌重量的1.5%
月桂叶 ····························· 1片
烟熏木屑 ····························· 适量

意式腊肠（中）

猪（日本冰见自然放养）
肩里脊肉 ··························· 1kg
盐 ····················· 猪肉重量的1.5%
肠膜（猪肠）························· 适量

鹿里脊风干肉片（右）

鹿里脊肉 ··························· 1kg
盐 ····················· 鹿肉重量的1.5%

腌泡汁

红葡萄酒 ····················· 500mL
月桂叶 ····························· 2片
迷迭香 ····························· 3根
桂皮 ······························· 2根
肉豆蔻、丁香 ··················· 各适量

做法

熏野猪舌

1 | 将盐撒在野猪舌上，放月桂叶后用保鲜膜密封，冷藏1晚。

2 | 用烟熏木屑冷熏野猪舌，用极低的温度熏制。

意式腊肠

1 | 将猪肩里脊肉切成约5mm见方的块，撒盐后用保鲜膜密封，冷藏1晚。

2 | 将猪肩里脊肉块装进肠膜中，塞紧并焯水（只让肠膜过水）。

3 | 挂在冷藏室中干燥1周。

鹿里脊风干肉片

1 | 鹿里脊肉撒盐，装入保鲜膜中密封，冷藏1晚。

2 | 将腌泡汁的材料混合，将鹿里脊肉放入腌泡汁中，冷藏一两晚。

3 | 擦干鹿里脊肉的水分，挂在冷藏室中2周左右，干燥并发酵。

摆盘

分别切片，装盘。

多种多样的面坯

油炸面包面团
NATIVO

在热乎乎的油炸面包中夹入火腿和新鲜奶酪，是意大利艾米利亚-罗马涅大区的乡土料理。面团中加入猪油，增加了嚼劲，让这道菜更像下酒菜。

在炸过的面团中加入奶酪和意大利生火腿，增加了咸味和鲜味。

材料（15个）

油炸面包面团

低筋面粉 …………………………………	250g
牛奶 ………………………………………	174mL
鲜酵母 ……………………………………	8g
盐 …………………………………………	2.5g
白砂糖 ……………………………………	6g
猪油 ………………………………………	10g
油（橄榄油）……………………………	适量

鸡蛋奶泡※、生火腿、胡椒粉、特级初榨橄榄油 …………………………………… 各适量

※新鲜奶酪和鲜奶油混合后的制品，是布拉塔奶酪的内馅。

做法

1 | 将油炸面包面团的材料混合、揉匀，包上保鲜膜后冷藏发酵1天。

2 | 用面条机将面团压成5mm厚的长条，切成三角形面片后放在冷冻室中。

3 | 面片保持冷冻状态，用160℃的油炸。

4 | 在油炸后的面片上放鸡蛋奶泡和生火腿，淋特级初榨橄榄油，按照喜好撒胡椒粉。

生火腿奶酪油炸比萨
Gigi

托斯卡纳的油炸比萨与起泡酒和啤酒搭配很和谐。这道菜根据当地的做法，加入了生火腿和斯特拉奇诺软奶酪。

材料

油炸比萨（核桃大小，24个）

A
 啤酒酵母（或鲜酵母）················ 5g
 无盐黄油（化开）···················· 30g
 水（或牛奶、清汤）·············· 160mL
 盐 ······························· 5g
低筋面粉························· 250g
油（或葵花籽油）···················适量

摆盘

 生火腿
 斯特拉奇诺软奶酪※ ·············· 各适量

※原产于意大利伦巴第大区，奶油状的新鲜奶酪。

做法

油炸比萨

1 将材料A充分搅拌，加入低筋面粉后用手揉匀。

2 将步骤1的材料放入碗中，用保鲜膜密封，在温暖的地方发酵约1小时。

3 将面团撕成适口大小，用170～180℃的油炸。

摆盘

将油炸比萨和生火腿、斯特拉奇诺软奶酪一起装盘。
建议撕开油炸比萨，夹着生火腿和软奶酪食用。

意大利乳清奶酪饼和鳀鱼饼
IL PISTACCHIO da Saro

源于西西里小摊上售卖的炸面包。当地有用大米做成的甜口鸡蛋饼，不过这家店做成了用粗面粉包裹意大利乳清奶酪和鳀鱼的下酒小菜。

材料（约20个）

面团

粗面粉	500g
鲜酵母	20g
盐	5g
水	350~400mL

意大利乳清奶酪饼

面团	400g
意大利乳清奶酪	200g
油（葵花籽油）	适量

鳀鱼饼

面团	400g
鳀鱼※	6条
油（葵花籽油）	适量

※用盐腌过的整条鳀鱼。

做法

面团

将所有材料放在碗中混合，搅拌均匀后盖上保鲜膜，在常温下放置半天。

意大利乳清奶酪饼

1 | 在前一天晚上开始为乳清奶酪沥水。

2 | 取40g面团，在手心铺平，包住1大勺乳清奶酪（适当用水淋湿手后会更容易操作）。

3 | 放入约180℃的油中炸制。

鳀鱼饼

1 | 去除鳀鱼的头和内脏，取出中间的鱼骨，做成鱼排。

2 | 取20g面团，在手心铺平，放入半条鱼，再盖上20g面团，配合鳀鱼的形状包成长方形。

3 | 放入约180℃的油中炸制。

摆盘

将2种饼装盘。

弗里克煎饼
gucite

意大利弗留利-威尼斯朱利亚大区的乡土料理，就像日本的土豆煎饼。搭配洗浸奶酪，味道浓郁，做成了适合下酒的风味。

材料（方便制作的量）

土豆	5个
洋葱	1个
黄油	50g
洗浸奶酪	50g
帕尔玛奶酪、白胡椒粉	各适量

做法

1 │ 土豆和洋葱去皮，用切片机切成条，用黄油煎炒。

2 │ 将步骤1的食材和洗浸奶酪放入碗中，加入磨碎的帕尔玛奶酪和白胡椒粉，倒入平底不粘锅中。保持圆形，双面煎至焦黄。

3 │ 放在木板上端出。

青菜玉米糊
Osteria O'Girasole

在松软的玉米糊上撒上青菜和熏肠，用勺子舀着吃。源自那不勒斯的家常菜，如果搭配白葡萄酒，可选法兰娜；搭配红葡萄酒，可选艾格尼科。

材料（方便制作的量）

炒芜菁油菜玉米糊

芜菁油菜※	1束
蒜	1片
干辣椒	1根
盐、橄榄油	各适量

玉米糊※※·······················30g
帕尔玛奶酪、黄油、胡椒粉、葫芦奶酪、熏肠、意大利干辣猪油肠※※※、橄榄
································各适量

※和芜菁叶相似，有苦味，在意大利南部经常用来做菜。

※※玉米糊事先加入8倍的水、橄榄油和盐后煎至八成熟。

※※※卡拉布里亚大区特产，带辣味的腊肠。

做法

1 | 芜菁油菜洗净后沥干水分，随意切段。

2 | 平底锅中加入橄榄油加热，干辣椒去籽后切碎，蒜切碎，放入平底锅中煎炒。加入芜菁油菜后继续炒制，加盐调味。

3 | 将八成熟的玉米糊倒入锅中加热。加入磨碎的帕尔玛奶酪、黄油、胡椒粉，调味后加入葫芦奶酪。

4 | 将步骤3的食材倒入木质托盘中，撒上切好的葫芦奶酪。放上芜菁油菜，撒上熏肠、意大利干辣猪油肠、橄榄和磨碎的帕尔玛奶酪。

斯卡恰比萨
IL PISTACCHIO da Saro

意大利西西里岛南部拉古萨的美食，是"可以列在家常菜餐厅菜单里的食物"。沾满番茄酱的食材折叠了好几层，面皮外酥里糯。

材料（25cm x 8cm的斯卡恰，1个）

斯卡恰面皮

粗面粉	440g
温水	150mL
盐	5g
特级初榨橄榄油	30mL
蛋液	25g
柠檬汁	1/2个柠檬的量

番茄酱

番茄	500g
蒜	1瓣
盐、特级初榨橄榄油	各适量

馅料

洋葱、特级初榨橄榄油、欧芹、葫芦奶酪、盐	各适量
蛋黄	适量

做法

斯卡恰面皮

1 | 将粗面粉倒入碗中，加入温水、盐、特级初榨橄榄油、蛋液和柠檬汁，和面。

2 | 将面皮和到比皮肤稍硬时，用保鲜膜包好，常温下发酵半天。

番茄酱

1 | 番茄用细滤网过滤，蒜捣碎。

2 | 将步骤1的材料、盐和特级初榨橄榄油倒进锅中搅拌均匀，中火加热炖煮后冷却。

馅料

1 | 洋葱切片，裹上特级初榨橄榄油后在平底锅中充分翻炒，中途可加少量水（材料外），避免烧焦。加盐调味。

2 | 葫芦奶酪切薄片，欧芹切碎。

成形和烤制

1 | 用擀面杖将斯卡恰面皮擀成近乎透明的薄圆片。

2 | 在面皮上涂番茄酱，撒上馅料材料中的洋葱、葫芦奶酪和欧芹。

3 | 捏住面皮的上下左右四处，向中央折叠。在表面涂番茄酱，然后叠成3折的长方形。

4 | 在比萨表面涂蛋黄，用叉子扎几个眼。

5 | 放在烤盘上，放入200℃预热的烤箱中烤20~25分钟。

6 | 稍放凉后切开，装盘。

鹰嘴豆烤饼
NATIVO

鹰嘴豆烤饼是意大利利古里亚大区周边深受人们喜爱的街头小吃。豆子和盐搭配出的朴素味道以及松软的口感，保证让葡萄酒一杯接一杯下肚。

材料（直径15cm的平底锅，1个）

鹰嘴豆粉·····················200g
水······························650mL
盐·······························8g
特级初榨橄榄油·················130mL
迷迭香·························10片左右

做法

1 │ 将盐在水中溶解。

2 │ 将鹰嘴豆粉慢慢加入盐水中。

3 │ 加入特级初榨橄榄油。

4 │ 用滤网过滤掉粉块，在冷藏室中发酵1天。

5 │ 平底锅中倒入特级初榨橄榄油（材料外），油热后倒入步骤4的材料，撒上迷迭香。

6 │ 将步骤5的材料放入200℃预热的烤箱中，加热到四周开始冒泡。

7 │ 取出烤饼，翻面后放在炉子上，烤到表面变色后装盘。

切齐纳
Gigi

和鹰嘴豆烤饼相似的鹰嘴豆料理，在意大利托斯卡纳大区作为小吃或夹在面包里食用。制作诀窍是要烤到四面焦脆、馅料绵软，让食客享受到口感的对比。

材料（直径24cm的圆形平底锅，4个）

鹰嘴豆粉·······················500g
水·····························1800mL
盐·······························12g
特级初榨橄榄油·················80mL
胡椒粉·························少许

做法

1 | 将所有材料在碗里混合，用搅拌器搅拌后放入冷藏室发酵1晚。

2 | 将步骤1的材料充分搅拌，在平底锅中倒入1/4的量（1张），放入200～230℃预热的烤箱中烤30～40分钟。

3 | 烤好后切开，撒胡椒粉。

意式烘蛋

黑松露烘蛋
falò

用小平底煎锅烤制出的意式烘蛋，当着客人的面撒上大量黑松露。半熟鸡蛋和松露混合，加热后香气扑鼻，重点在于烤鸡蛋的火候。

材料（1盘）

洋葱	40g
鸡蛋	2个
帕尔玛奶酪	5g
格鲁耶尔奶酪	25g
松露油	少许
黑松露、橄榄油	各适量

做法

1 | 洋葱切厚片，平底锅中放入橄榄油加热，放入洋葱翻炒至透明。

2 | 将洋葱、鸡蛋、磨碎的帕尔玛奶酪、格鲁耶尔奶酪、松露油放入碗中充分搅拌。

3 | 加热小平底煎锅，倒入松露油加热，放入步骤2的食材随意搅拌，做成半熟美式炒蛋。

4 | 在客人面前将黑松露撒在上面。

在意式烘蛋上加入当季食材，烤到自己喜欢的程度。

水煮沙丁鱼烘蛋
Rio's Buongustaio

渡边大厨制作的烘蛋较薄，可以烤到全熟后食用。除了沙丁鱼，还可以使用春天的樱虾、秋天的牛肝菌和冬天的牡蛎。"只要能和鸡蛋搭配，任何食材都可以。"

材料（1盘）

土豆	1/3个
洋葱	1/4个
鸡蛋	1个
哥瑞纳-帕达诺奶酪碎	适量
欧芹末	少许
水煮沙丁鱼	40g
黄油、橄榄油、野生芝麻菜、佩科里诺奶酪碎、胡椒粉、特级初榨橄榄油	各适量

做法

1 │ 土豆煮熟后去皮，切成1cm见方的小块。洋葱切丝，用水（材料外）和橄榄油煎至透明。

2 │ 将步骤1的材料、打散的鸡蛋、哥瑞纳-帕达诺奶酪碎、欧芹末和水煮沙丁鱼混合。

3 │ 在小平底煎锅内抹橄榄油，放入黄油化开。倒入步骤2的材料加热。底面凝固后翻面，移入200℃预热的烤箱中烤3分钟。

4 │ 在盘子里铺一层野生芝麻菜，放上烘蛋，撒上佩科里诺奶酪碎、胡椒粉，淋特级初榨橄榄油。

鸡油菌烘蛋
NATIVO

意大利北部料理，做好后撒上芳香四溢、口感松脆的鸡油菌。夏天也可以搭配银鱼和沙丁鱼。

材料（1盘）

鸡油菌 ························· 40g
鸡蛋 ···························· 3个
鲜奶油 ························· 20mL
帕尔玛奶酪碎、盐、胡椒粉 ······· 各适量
澄清黄油 ······················ 10g
特级初榨橄榄油 ··················适量

做法

1 | 平底锅内涂特级初榨橄榄油，加热后大火翻炒鸡油菌。加盐和胡椒粉调味。

2 | 将鸡蛋、鲜奶油、帕尔玛奶酪碎、盐和胡椒粉混合搅拌。

3 | 用小平底锅加热澄清黄油，倒入步骤2的材料，放入鸡油菌，盖上盖子焖。

4 | 将鸡油菌烘蛋盛入盘中，撒上帕尔玛奶酪碎，淋特级初榨橄榄油。

牛肝菌烘蛋
Gigi

加入满满的意大利牛肝菌，丰盛的烘蛋和红葡萄酒搭配很和谐。西田大厨的做法是将鸡蛋煎到用刀子切开后，中间的蛋液能缓缓流出的程度。

材料

牛肝菌（中等大小）·····················1个
鸡蛋·······································2个
盐···适量
黄油（无盐）·························· 40g
胡椒粉···································少许

做法

1 │ 牛肝菌洗净，切成适口大小。

2 │ 鸡蛋打散，撒盐后搅匀。

3 │ 加热小平底锅，放入黄油化开，放入牛肝菌煎制。

4 │ 倒入蛋液，用橡胶铲搅拌鸡蛋，煎到半熟，调整成圆形。

5 │ 装盘，撒胡椒粉。

油炸丸子3款（培根番茄、胡椒奶酪、墨鱼汁）
Rio's Buongustaio

在意大利，普通的油炸丸子馅料基本是培根、青豆和番茄的组合，尺寸是小孩子拳头的大小。这样的油炸丸子作为下酒菜偏大，所以渡部大厨缩小了尺寸，并增加了口味，让它成为更流行的开胃菜。

材料（方便制作的量）

油炸丸子坯

洋葱	1/4个
大米（意大利卡纳罗利米）	300g
肉汤、橄榄油	各适量

培根番茄款

油炸丸子坯	100g
风干猪脸肉	30g
洋葱	1/4个
白葡萄酒、蒜、番茄	各适量
蛋液	1/3个鸡蛋的量

胡椒奶酪款

油炸丸子坯	100g
肉汤	适量
佩科里诺奶酪碎	20g
胡椒粉	适量
蛋液	1/3个鸡蛋的量

墨鱼汁款

油炸丸子坯	100g
墨鱼汁	10mL
墨鱼	30g
肉汤	适量
蛋液	1/3个鸡蛋的量

摆盘

面包粉、蛋液、油（橄榄油）、番茄酱（见第198页）、哥瑞纳-帕达诺奶酪、胡椒粉、青酱※、野生芝麻菜 .... 各适量

※将蒜、芝麻菜、欧芹茎、莳萝、罗勒、特级初榨橄榄油放入搅拌机，用白葡萄酒醋和盐调味做成的酱汁。

做法

油炸丸子坯

1 | 锅中倒入橄榄油，加热后放入切成丝的洋葱翻炒。

2 | 加入大米继续翻炒，炒至大米变透明后倒入肉汤，没过其他食材。

3 | 水分完全蒸发后盛入方形盘子中，分成3等份。

培根番茄款

1 | 在平底锅里翻炒切成薄片的风干猪脸肉和切成丝的洋葱。加入白葡萄酒、蒜和切块的番茄炖煮。

2 | 加入油炸丸子坯混合，冷却到60℃，加入蛋液搅拌，团成直径3cm左右的球形后冷冻。

胡椒奶酪款

1 | 锅中放入油炸丸子坯和肉汤加热，煮至入味。

2 | 关火后冷却到60℃，加入佩科里诺奶酪碎、胡椒粉和蛋液搅拌。团成直径3cm左右的球形后冷冻。

墨鱼汁款

1 | 将油炸丸子坯、墨鱼汁、切碎的墨鱼和肉汤倒入锅中煮开。

2 | 关火后冷却到60℃，加入蛋液搅拌，团成直径3cm左右的球形后冷冻。

摆盘

1 | 在3种丸子上裹面面包粉，蘸蛋液后再裹一层面包粉。放入160℃的油中炸3~5分钟。

2 | 在盘子左侧倒入少许番茄酱，放上培根番茄油炸丸子，淋番茄酱。

3 | 在盘子中间撒哥瑞纳-帕达诺奶酪碎，放上胡椒奶酪油炸丸子，再撒胡椒粉和哥瑞纳-帕达诺奶酪。

4 | 在盘子右侧倒入少许青酱，摆上切丝的野生芝麻菜，放上墨鱼汁油炸丸子，淋青酱。

搭配啤酒和起泡酒，会让你喝到停不下来。让人欲罢不能的11种炸物。

炸柳叶鱼配风干猪脸肉
NATIVO

暮秋时节的常规菜品。刚炸好的柳叶鱼裹上猪脸肉，油脂因为热量而化开，散发出激发食欲的芳香。也可以使用香鱼或大眼青眼鱼。

材料（1盘）

柳叶鱼 ·······································8条

面衣

荞麦粉 ································· 100g
啤酒 ·································· 160mL
水 ······································ 30mL
鲜酵母 ································· 10g
油（橄榄油）、风干猪脸肉、柠檬、胡椒粉 ······························· 各适量

做法

1 │ 将面衣材料混合，充分搅拌，过滤掉结块。

2 │ 在温暖处放置2小时，发酵。

3 │ 去掉柳叶鱼的内脏和头。裹上面衣，用170℃的油炸。

4 │ 将柳叶鱼装盘，撒上切薄片的风干猪脸肉。撒胡椒粉，搭配切小片的柠檬。

佩科里诺奶酪炸茄饼
Rio's Buongustaio

这道菜中加入了大量薄荷叶，清爽的香气极富魅力。重点是茄子事先用烤箱烘烤，蒸发掉水分后再炸。

材料（方便制作的量）

茄子·················· 3~5根
薄荷叶、佩科里诺奶酪··············各适量
盐、胡椒粉、面包粉、蛋液、油（橄榄油）、菊苣、野生芝麻菜、香醋···各适量

做法

1 | 茄子去皮，放入170℃预热的烤箱中烤20分钟（目的是去水分，要在未上色前翻面）。

2 | 将茄子切碎，和切碎的薄荷叶、佩科里诺奶酪、盐、胡椒粉混合。

3 | 将步骤2的材料做成直径5cm的饼后冷冻。

4 | 茄饼裹上面包粉，裹满蛋液后再裹一层面包粉，用170℃的油炸。

5 | 在盘子中摆好菊苣和野生芝麻菜，放入茄饼，淋香醋。

红酒炖牛肉饼
gucite

用前一天剩下的红酒炖牛肉重新做成另一道菜——这是体现了意大利皮埃蒙特大区饮食文化的一道菜品。酥脆的面衣和充分入味的肉完美融合。

材料（方便制作的量）

红牛炖牛肉

牛胸肉	2kg
索夫利特酱	100g
红葡萄酒	500mL
肉汤	500mL
盐、胡椒粉	各适量

圆白菜、菠菜、黄油、蛋液、面包粉、面粉、油（橄榄油）…… 各适量

做法

1 ｜ 制作红酒炖牛肉。将牛胸肉切成适当大小的块，撒盐和胡椒粉。

2 ｜ 锅中倒入橄榄油，加热后放入牛肉块翻炒，加入索夫利特酱和红葡萄酒，煮至汤汁剩一半的量。

3 ｜ 倒入肉汤，煮至牛肉松软。

4 ｜ 将切成适当大小的白菜和菠菜放入盐水中焯水。

5 ｜ 平底锅中放入黄油加热，将沥干水后的白菜和菠菜炒至微微上色。

6 ｜ 将牛肉、圆白菜和菠菜放进搅拌机中搅碎。

7 ｜ 裹上蛋液和面包粉，捏成稍厚的圆饼。撒上面粉和面包粉后用180℃的油炸。

炸牛肚
Gigi

选用柔软且膻味小的牛胃，煮过后用坚果油炸。炸牛肚就像小吃一样，用来配啤酒会让人停不了口，是一道不会出错的下酒菜。

材料

小牛胃（经过预处理※）················ 1/2片
低筋面粉、盐 ························· 各适量
柠檬 ···························· 1/4个
油（坚果油或葵花籽油）··············适量

※预处理方法见第130页。

做法

1 | 将预处理过的牛胃切成约7cm长、1.5cm宽的条。

2 | 撒低筋面粉后用180℃的油炸至酥脆。

3 | 撒盐，搭配切成月牙形的柠檬。

炸脑花和意式洋蓟
Gigi

意大利家常菜中的常见菜品炸脑花与炸洋蓟的拼盘。使用坚果油让味道更加浓郁，自然的摆盘体现出当地风情。

材料（1盘）

猪脑花※	1个
洋蓟	1个
低筋面粉、盐	各适量
蛋液	1个鸡蛋的量
柠檬	1/4个
油（坚果油或者葵花籽油）	适量

※也可以使用小牛或羊羔的脑花。

做法

1 | 将猪脑花放入冰水中，仔细去掉表面的薄膜和血管。

2 | 在沸水中加盐，放入猪脑花煮10分钟左右，放入冰水中冷却。

3 | 切掉洋蓟的顶部，削掉硬皮，去除内侧纤维后切成适口大小。

4 | 将猪脑花沥水后撒低筋面粉，充分拍打。加盐并裹满蛋液后用180℃的油炸四五分钟。

5 | 洋蓟用同样的方法炸约3分钟。

6 | 猪脑花和洋蓟控油后装盘，撒盐，摆放切成月牙形的柠檬。

意大利面馅奶油可丽饼
Osteria O'Girasole

那不勒斯家常菜餐厅中的常见菜品，当地人会使用面包粉做面衣，杉原大厨使用了2种蛋清酥皮重叠，和白酱完美契合。

材料（方便制作的量）

意大利面	500g
佩科里诺奶酪	10g
帕尔玛奶酪碎	30g
胡椒粉	适量

番茄泥

番茄	500g
盐	5g
特级初榨橄榄油	20mL
面包粉	适量
熏肠	200g
牛肝菌（干燥）	20g
青豆	300g
白酱	2L牛奶制作出的量
马苏里拉奶酪	150g

面衣A

蛋清	适量

面衣B

蛋清	1个
水	50mL
面粉	50g
盐	1撮
油（橄榄油）	适量

做法

1 | 煮意大利面，还稍硬时沥水。

2 | 将意大利面装在碗里，撒佩科里诺奶酪和帕尔玛奶酪碎，加胡椒粉后搅拌均匀。用剪刀将意大利面剪成约5cm长的小段。

3 | 做番茄泥。将整个番茄碾碎、过滤，加盐、特级初榨橄榄油和面包粉混合。

4 | 炒制熏肠，加入牛肝菌和青豆，搅拌均匀。

5 | 过滤刚做好的白酱，与步骤2和步骤4的材料混合。

6 | 在方形盘上铺保鲜膜，倒入1/2步骤5的材料，拍平。涂抹番茄泥，撒上切成适口大小的马苏里拉奶酪。

7 | 倒入其余步骤5的材料，拍平。盖好保鲜膜，冷冻。

8 | 做面衣A。蛋清搅拌至凝固。

9 | 做面衣B。蛋清搅拌至凝固。在碗中倒入水、面粉和盐，充分搅拌，加入蛋清后随意搅拌几下。

10 | 将冷冻好的步骤7的材料切成适口大小，依次裹上面衣A和面衣B，用油炸脆，控油。

炸鸭肉
Bricca

鸭肉炸之前要煮一次，就能做出焖肉一样松软的口感。关键是煮过后要放在高汤中直接冷却，金田大厨表示这是为了"让从骨头中煮出来的汤汁回到肉里"。

材料

鸭腿肉（带骨）·······················500g
盐 ·······································5g
蒜 ·······································1瓣
白葡萄酒·······························适量
月桂叶·································2片
桂皮·····································1根
面粉、油（橄榄油）、亚马孙可可粉、胡椒粉·································各适量

做法

1 | 将鸭腿肉切成适口大小，撒盐，放切片的蒜，淋白葡萄酒，腌制半天。

2 | 锅里倒满水，放入鸭腿肉、月桂叶、桂皮，煮至肉变软，然后冷却。

3 | 将鸭腿肉沥水后裹上面粉，用170℃的油炸至酥脆。

4 | 装盘，撒亚马孙可可粉和胡椒粉。

面包碎炸肉排配红酱
NATIVO

用面包碎做成面衣，都灵风味的炸肉排。酥脆的面衣会刺激味蕾，是让人"越吃越想饮酒的菜品"。

材料

面包碎炸肉排（1盘）

小牛里脊肉·····················100g
蛋液、面包碎、帕尔玛奶酪、盐、胡
椒粉、澄清黄油·················各适量

红酱（20人份）

蒜·····································1瓣
红洋葱·······························1个
胡萝卜·······························1根
鳀鱼·································50g
番茄·································1kg
A
　白葡萄酒·······················100mL
　红葡萄酒醋·····················100mL
　白砂糖····························10g
　月桂叶、丁香、杜松子·······各适量
　干辣椒·····························3根
　特级初榨橄榄油················30mL
红甜椒·······························1个
红葡萄酒醋、盐、特级初榨橄榄油
···································各适量

摆盘

月桂叶·······························1片
帕尔玛奶酪···························适量

做法

面包碎炸肉排

1 | 将小牛里脊肉切成1cm厚的片，拍松后撒盐和胡
椒粉。

2 | 撒帕尔玛奶酪，裹上蛋液，撒面包碎。

3 | 放入澄清黄油中炸至酥脆。

红酱

1 | 锅中涂一层特级初榨橄榄油，翻炒蒜、切成小丁
的红洋葱和胡萝卜。

2 | 加入鳀鱼搅拌，加入番茄和材料A，炖煮至黏
稠，加盐调味。

3 | 在另一锅中涂一层特级初榨橄榄油，翻炒切成
7mm见方小块的红甜椒。加少许红葡萄酒醋
提味。

4 | 将步骤3的材料加入步骤2的锅中。

摆盘

1 | 将面包碎炸肉排装盘，淋红酱，点缀月桂叶。

2 | 撒帕尔玛奶酪碎。

炸兔肉排配调味醋渍汁
NATIVO

一道微酸的炸肉排。适合搭配口感浓郁的白葡萄酒，腌泡汁中特意没有加入白砂糖，突出酸味。

材料（方便制作的量）

炸兔肉排
| 兔腿肉 ························· 1只兔子的量
| 低筋面粉、帕尔玛奶酪碎 ······ 各适量
| 蛋液、面包粉、盐、胡椒粉、油（橄榄油）······················ 各适量

调味醋渍汁
| 洋葱 ······························· 1个
| 蒜 ································· 1瓣
| 迷迭香、鼠尾草、月桂叶 ······· 各适量
| 红葡萄酒醋 ····················· 50mL
| 白葡萄酒 ······················· 100mL
| 盐 ······························· 适量

摆盘
| 特级初榨橄榄油 ····················适量

做法

炸兔肉排

1 | 兔腿肉去骨，每块都一分为二。

2 | 在兔腿肉上撒盐、胡椒粉，裹帕尔玛奶酪碎和低筋面粉，裹上蛋液后蘸面包粉，用180℃的油炸后控油。

3 | 趁热将兔腿肉浸泡在调味醋渍汁（后述）中。在冷藏室中腌制1晚。

调味醋渍汁

1 | 锅中倒油，加热后翻炒切成片的洋葱、压扁的蒜和香草。

2 | 撒盐，加入红葡萄酒醋和白葡萄酒后煮沸，炖煮一段时间。

摆盘

1 | 将炸兔肉排装盘。

2 | 将调味醋渍汁中的洋葱和香草摆在炸兔肉排上，淋特级初榨橄榄油。

炸牛排配番茄酱
gucite

这道菜的灵感来源于意大利北部的传统料理，当地是将剩下的炸肉排重新煮制。
这里则是将刚炸好的牛排淋上番茄酱腌制。"因为不再重新加热，所以肉能够保持
柔软。"西尾大厨说。

材料（方便制作的量）

炸牛排

| 牛肩肉 | 500g |
| 蛋液、盐、白胡椒粉、面包粉、油（橄榄油） | 各适量 |

辣味番茄酱

番茄酱（见第198页）	500g
蒜	2瓣
干辣椒	5根
欧芹、橄榄油	各适量

做法

1 | 将牛肩肉切成1cm厚的片，拍松。

2 | 在蛋液中加入盐和白胡椒粉。裹在牛肩肉上后撒面包粉，用油炸。

3 | 趁热将炸牛排放在盘子上，淋辣味番茄酱（后述）。热气散去后盖上保鲜膜，在冷藏室中发酵1晚。

4 | 餐厅营业后放在炉子等温暖处，温热后提供给客人。

辣味番茄酱

1 | 将橄榄油倒入锅中，加热后翻炒切末的蒜和去籽的干辣椒，加入番茄酱炖煮。

2 | 加入切碎的欧芹，搅拌均匀。

意式烤面包、面包小点

青花鱼面包片
gucite

意大利皮埃蒙特大区的美食，用白霉奶酪、鳀鱼搭配青酱。这里则使用了日本人更熟悉的醋腌青花鱼，沁人心脾的酸味能刺激食欲，让人不自觉地想要喝上一杯。

材料

醋腌青花鱼（方便制作的量，1人份需2块）

青花鱼	2条
白砂糖	少许
盐水	适量
米醋	200mL
红葡萄酒醋	40mL

法式乡村面包 …………………… 1块
奶酪（皮埃蒙特产）、青酱（见第198页）、特级初榨橄榄油 ………… 各适量

做法

1 | 将青花鱼切成3片，撒白砂糖，抹盐水后静置1.5小时。

2 | 用清水冲洗青花鱼后沥干水分，用保鲜膜包好，冷冻36个小时（预防寄生虫）。

3 | 提前一天自然解冻需要使用的部分，摆在方盘上。将青花鱼泡在没过一半鱼肉的米醋和红葡萄酒醋中，浸泡20～40分钟，沥干水分，上桌前冷藏保存。

4 | 在法式乡村面包上放奶酪，在200℃预热的烤箱中烤5分钟。

5 | 将青花鱼切厚片，用喷枪炙烤带皮的一面，盖在面包上，淋青酱和特级初榨橄榄油。

放好或涂抹食材，下方的面包能够衬托出食材的本味，这就是意大利版的烤三明治。

熏青花鱼、乳清奶酪和番茄意式烤面包
Osteria O'Girasole

充分利用青花鱼的鱼骨肉制成的一道菜品，杉原大厨表示这道菜"充分体现出那不勒斯美食不浪费任何食材的精神"。青花鱼经过熏制后，提高了与奶酪的契合度。

材料（方便制作的量）

熏青花鱼

| 青花鱼的鱼骨肉 ····················· 1条
| 盐、烟熏木屑 ······················ 各适量

番茄腌料

| 番茄 ································· 1个
| 罗勒、蒜、盐、胡椒粉、特级初榨
| 榄油 ······························· 各适量

摆盘

| 乳清奶酪、盐、胡椒粉、柠檬汁、特
| 级初榨橄榄油、面包 ············· 各适量

做法

熏青花鱼

1 | 在青花鱼的鱼骨肉上撒较多的盐，冷藏腌制1晚。

2 | 快速熏制，让鱼肉变松软。

番茄腌料

将番茄切成月牙形，然后再切小块，与其他材料混合（罗勒和蒜切碎）。腌泡汁要没过番茄。

摆盘

1 | 将乳清奶酪、盐、胡椒粉、柠檬汁、特级初榨橄榄油在碗中混合，加入熏青花鱼后随意翻动几下。

2 | 用炭火烘烤切成1cm厚的面包片。将步骤1的材料铺在面包上，淋番茄腌料。

鸡肝泥面包小点
Gigi

将散发着圣酒和鼠尾草香气的鸡肝泥在面包上涂抹厚厚一层。图中是鸡肝，不过西田大厨爱好打猎，到了可以猎捕野禽的季节，他也会使用田鹬等野鸟的内脏来制作。

材料（10盘）

鸡肝··························	500g
洋葱（中等大小）··········	1个
鳀鱼··························	25g
刺山柑花蕾（盐腌）·········	25g
圣酒··························	50mL
鼠尾草·······················	1枝
特级初榨橄榄油··············	60mL
托斯卡纳面包※···············	适量

※托斯卡纳大区居民经常食用的面包，没有咸味。西田大厨用1kg低筋面粉和16g啤酒酵母、600mL水自制。

做法

1 | 鸡肝去掉带血的肉和筋。

2 | 洋葱切片。

3 | 锅中倒入特级初榨橄榄油，加热后放入洋葱，中火炒出甜味。

4 | 放入鳀鱼和刺山柑花蕾，翻炒几下后加入鸡肝，炒至变色。

5 | 倒入圣酒，加鼠尾草，盖上锅盖，小火焖10分钟。

6 | 取出鼠尾草，将其他食材倒入料理机中搅拌成颗粒较粗的鸡肝泥（也可以用菜刀拍）。

7 | 在烤好的托斯卡纳面包上涂鸡肝泥，上桌（鸡肝泥一定要加热）。

熏肠斯特拉奇诺软奶酪面包小点
Gigi

将同样分量的熏肠和斯特拉奇诺软奶酪混合，做成味道浓厚的肉泥，涂在没有咸味的托斯卡纳面包上烤制。色泽和香气能勾人食欲，让人禁不住想要喝酒。

材料（1个）

熏肠（方便制作的量，每个使用40g）

猪肩里脊肉	600g
猪前腿肉	600g
盐	28g
胡椒粉	4g
茴香子	2g
蒜	2瓣
迷迭香	2根
斯特拉奇诺软奶酪	40g
托斯卡纳面包、胡椒粉	各适量

做法

1 | 将猪肩里脊肉和猪前腿肉用搅拌机打成中等粗细的肉馅（或用刀切）。蒜和迷迭香切碎。

2 | 将所有制作熏肠的材料放入碗中，将碗放入装着冰块的大碗中充分搅拌，直到食材出现黏性。

3 | 取40g猪肉馅，与同等分量的斯特拉奇诺软奶酪混合，充分搅拌。

4 | 将步骤3的材料在托斯卡纳面包上涂厚厚一层，在230℃预热的烤箱中烤10~15分钟。撒胡椒粉。

猪网油面包
Gigi

使用猪网油和猪肝制作的菜品。加入香草，用猪网油包裹后烤制，既增加了油分又很有嚼劲。一般会放在面包上烤，吸收了油脂的面包同样是这道菜品的主角。

材料（1盘）

猪肝	100g
猪网油、茴香子	各适量
月桂叶	1片
托斯卡纳面包	1片
盐、胡椒粉、特级初榨橄榄油	各适量

做法

1 | 去掉猪肝中带血的部分，撒盐和胡椒粉。

2 | 铺开猪网油，将猪肝放在上面，撒茴香子后包好。

3 | 切掉多余的猪网油，调整形状，用牙签将月桂叶固定在上面。

4 | 在加热过的平底锅中倒入少许特级初榨橄榄油，放入猪网油，中火煎至微微变色。

5 | 将托斯卡纳面包铺在烤盘里，放上猪网油，在230℃预热的烤箱中烘烤10~15分钟。

6 | 连同面包一起装盘。

杂菌面包小点
falò

到了秋天，各种天然菌类会成为主要食材，这道菜是以蘑菇为主角的面包小点。使用了坎帕尼亚地区的粗面包，鳀鱼的盐分充分入味，和葡萄酒搭配和谐。

材料（1盘）

蘑菇※·······················适量
面包※※·······················1大片
马苏里拉奶酪·······················40g
鳀鱼酱（见第198页）、欧芹、盐、胡椒
粉、特级初榨橄榄油·················各适量

※使用香菇、舞茸、金针菇等多种菌类。

※※使用意大利坎帕尼亚地区的面包。本店平时会使用日本广岛县出产的"布兰格"面包。

做法

1 | 将面包切成1cm厚的片，用炭火烤制表面。

2 | 将蘑菇切成适口大小。

3 | 在面包片上涂橄榄油，铺满蘑菇，撒盐，放切碎的马苏里拉奶酪。

4 | 将面包片放入220℃预热的烤箱中，烤至蘑菇变软且散发香味。

5 | 装盘，淋鳀鱼酱，撒胡椒粉，淋特级初榨橄榄油，撒欧芹。

蔬菜类

沙拉、腌菜

煮物、烧烤

炖菜、汤品

沙拉、腌菜

番茄沙拉
IL PISTACCHIO da Saro

非常简洁的番茄沙拉，使用意式切法将番茄横着切成两半，然后切十字刀。加入干辣椒提味，辣味能够打造出别具一格的风味。

材料（2盘）

番茄·····················2个
牛至（干燥）·················1个
蒜·······················1瓣
干辣椒·····················1/2根
盐、特级初榨橄榄油·············各适量

做法

1 | 番茄去蒂，横向切成两半后，纵向切十字刀。

2 | 将番茄、牛至、压扁的蒜、去籽后掰碎的干辣椒、盐和特级初榨橄榄油混合搅拌，装盘。

用橄榄油、酒醋、盐调味，简洁而直接地展现出蔬菜的味道。

蘑菇沙拉
IL PISTACCHIO da Saro

"埃特纳火山附近的一家餐厅会连续提供15道开胃菜，这就是其中的一道常规菜品。"桧森大厨介绍。简单直接的味道与西西里岛特产的白葡萄酒卡利坎特完美契合。

材料（2盘）

口蘑·······························10个
蒜································1/2瓣
盐、胡椒粉、柠檬汁、特级初榨橄榄
油、野生芝麻菜、帕尔玛奶酪·····各适量

做法

1 | 将口蘑菌柄的最下方切去薄薄一层，然后切片。

2 | 将口蘑、压扁的蒜、盐、胡椒粉、柠檬汁、特级初榨橄榄油混合搅拌。

3 | 装盘，撒上大量切碎的野生芝麻菜和帕尔玛奶酪。

油渍蘑菇
IL PISTACCHIO da Saro

西西里的山里居民长期存放食物的方法改良版。当地会使用生长在埃特纳火山的白灵菇，本店用形状相似的平菇代替。可以直接吃，也可以放在面包片上，搭配度数低的红葡萄酒。

材料（方便制作的量）

平菇·······························1kg
A
　白葡萄酒醋····················500mL
　水······························1L
　盐······························适量
B
　蒜·······························1瓣
　干辣椒···························1根
　牛至（干燥）、盐、特级初榨橄榄油
　································各适量

做法

1 | 将材料A倒入锅中煮沸，加入撕开的平菇煮熟，沥水。

2 | 用保鲜膜盖住平菇，静置半天，沥水后装入容器。

3 | 将蒜压扁，干辣椒去籽后撕碎。将材料B放入步骤2的容器中，特级初榨橄榄油要没过食材，静置1天以上。

鳀鱼酱拌布拉塔奶酪和芦笋菊苣
Rio's Buongustaio

芦笋菊苣要一根根分开，浸泡在冰水中，有客人点餐时取出沥水、装盘，口感更脆。叶子炒过后可以做成烘蛋等。

材料（1盘）

芦笋菊苣	1棵
鳀鱼酱	1大勺
鳀鱼	4~5条
蒜	1/3瓣
特级初榨橄榄油、白葡萄酒醋	各适量
布拉塔奶酪	1/2个
特级初榨橄榄油、胡椒粉	各适量

做法

1 │ 将芦笋菊苣一根根分开，浸入冰水中。

2 │ 制作鳀鱼酱。用刀拍扁鳀鱼和蒜（使用料理机容易出现泡沫），加入特级初榨橄榄油和白葡萄酒醋后混合。

3 │ 芦笋菊苣控干水分后和鳀鱼酱混合。

4 │ 装盘，放切成两半的布拉塔奶酪。淋特级初榨橄榄油，撒胡椒粉。

草莓蘑菇戈贡佐拉奶酪沙拉
Bricca

戈贡佐拉奶酪和水果搭配的沙拉，加入浓缩的香醋膏，成为适合搭配葡萄酒的美味。可以用成熟的柿子、苹果、香梨代替草莓，同样美味。

材料（1盘）

草莓·······························4颗
口蘑·······························3个
菊苣·······························6片
香醋膏※、戈贡佐拉奶酪、盐、胡椒粉、
特级初榨橄榄油 ·····················各适量

※在陈酿香醋中加入玉米淀粉的产品。糊状，风味
浓厚。

做法

1 │ 草莓去蒂、切片。口蘑切片，菊苣切成适口大小。

2 │ 将步骤1的材料放入碗中，与香醋膏、盐、胡椒粉、特级初榨橄榄油混合。

3 │ 装盘，撒入磨碎的戈贡佐拉奶酪（事先冷冻），用香醋膏装饰。

蔬菜拼盘
Quindi

走遍全日本，主厨将一路上邂逅的各式各样的蔬菜经过焖、腌、烤后做成一道菜品，这就是Quindi餐厅的特色菜。各种蔬菜的味道都很强烈，很多顾客会点这盘菜来下酒，和味道自然的橙酒搭配很合适。

腌蘑菇

材料（方便制作的量）

舞茸 ···································· 100g
口蘑 ···································· 100g
杏鲍菇 ·································· 100g
蒜 ·· 1瓣
鼠尾草 ··································· 1根
陈酿黑醋 ································ 20mL
盐、胡椒粉、特级初榨橄榄油····· 各适量

做法

1 | 将舞茸、口蘑、杏鲍菇菌柄的最下方切去薄薄一层，用手撕开。

2 | 锅中倒入特级初榨橄榄油，加入切末的蒜翻炒。加入所有蘑菇，炒出香味。

3 | 撒盐，蘑菇出水后加入鼠尾草和陈酿黑醋，撒胡椒粉。

香蒜酱拌莲藕

材料（方便制作的量）

莲藕 ····································· 1根
米粉、油（橄榄油）··············· 各适量

香蒜酱

罗勒 ··································· 50g
帕尔玛奶酪 ·························· 25g
松子 ··································· 25g
蒜 ······································ 1瓣
盐 ···································· 1/2小勺
特级初榨橄榄油 ···················· 150g
帕尔玛奶酪碎 ························· 50g
盐、胡椒粉、特级初榨橄榄油····· 各适量

做法

1 | 制作香蒜酱。蒜切碎，将所有材料混合后放进搅拌机搅拌。

2 | 莲藕切成5mm厚的片，裹上米粉炸制，用盐调味。

3 | 在莲藕中加入香蒜酱、帕尔玛奶酪碎、胡椒粉、特级初榨橄榄油，拌匀。

腌圆白菜

材料（方便制作的量）

圆白菜 ······································ 1棵
杜松子 ······································ 适量
月桂叶 ······································ 1片
茴香子 ······································ 20g
白葡萄酒醋 ································ 100mL
盐、特级初榨橄榄油 ·················· 各适量

做法

1｜圆白菜切成1cm宽的条。

2｜锅中倒入特级初榨橄榄油，加热后放入圆白菜小火炒制，加盐，充分翻炒后沥干水分。

3｜圆白菜的香味充分散发后，加杜松子、月桂叶、茴香子和白葡萄酒醋调味。冷却到常温后上桌。

桃之助芜菁

材料（方便制作的量）

芜菁 ·· 5个
蛇蒿叶 ······································ 2棵
白葡萄酒醋、盐、特级初榨橄榄油
·· 各适量

做法

1｜将芜菁切成适口大小。

2｜平底锅里倒入特级初榨橄榄油，加热后放入芜菁，炒至变色。

3｜在另一口锅里加入特级初榨橄榄油、蛇蒿叶、白葡萄酒醋。炒出香气后倒入平底锅中，充分混合，加盐调味。

拌胡萝卜丝

材料（方便制作的量）

胡萝卜 ······································ 1kg
莳萝籽 ······································ 15g
意大利白醋 ································ 100mL
特级初榨橄榄油 ·························· 90mL
盐 ·· 适量

做法

1｜用切片器将胡萝卜切薄片，加盐后充分揉搓，静置1小时。

2｜挤出胡萝卜的水分，加入莳萝籽、意大利白醋（量与胡萝卜渗出的水相同）、特级初榨橄榄油。

炖时蔬

材料（方便制作的量）

茄子 ·· 5个
西葫芦 ······································ 3个
芹菜 ·· 2根
蒜 ·· 1瓣
油（橄榄油）······························ 适量
番茄 ·· 200g
牛至、盐、特级初榨橄榄油 ········· 各适量

做法

1｜将茄子、西葫芦和1根芹菜切成小块后油炸。

2｜锅中倒入特级初榨橄榄油，将另一根芹菜切丝，与压扁的蒜一起炒出香味。

3｜在步骤2的锅中加入番茄，加盐炖煮。加一些水（材料外），再加入步骤1的材料和牛至，用盐调味，冷却到常温后上桌。

炖甜椒

材料（方便制作的量）

甜椒（红、黄）……………………各5个
蒜 ………………………………… 1瓣
鳗鱼 ……………………………… 3条
白葡萄酒醋 …………………… 60mL
牛至、香醋、盐、白胡椒粉、特级初榨
橄榄油 …………………………… 各适量

做法

1 | 在甜椒上淋特级初榨橄榄油，放入160℃预热的烤箱中烤15分钟，翻面后再烤25分钟。

2 | 将甜椒去皮、去籽，切成5mm宽的条。保留甜椒中渗出的水分。

3 | 将甜椒渗出的水分倒入锅中，煮至黏稠。

4 | 在另一锅中倒入压扁的蒜和特级初榨橄榄油，炒出香味后加入甜椒、甜椒汁、鳗鱼、白葡萄酒醋和牛至炖煮。

5 | 用香醋、盐、白胡椒粉调味。

烤土豆

材料（方便制作的量）

土豆……………………………… 1kg
油（橄榄油）…………………… 适量
蒜 ………………………………… 1瓣
迷迭香 …………………………… 2根
盐、胡椒粉、特级初榨橄榄油…… 各适量

做法

1 | 土豆洗净，切成方便食用的块。

2 | 将土豆放入油锅中炒至微微变色。

3 | 锅中倒入特级初榨橄榄油，放入压扁的蒜、土豆和迷迭香，用盐和胡椒粉调味。

4 | 将步骤3的材料放入150℃预热的烤箱，烘烤20分钟。

口蘑炒牛蒡

材料（方便制作的量）

牛蒡……………………………… 1根
口蘑……………………………… 10个
香葱丝、黄油、鼠尾草、盐、特级初榨
橄榄油 …………………………… 各适量

做法

1 | 牛蒡拍扁，分成方便食用的大小。

2 | 锅中倒入特级初榨橄榄油，加入牛蒡翻炒，撒盐，炒至水分蒸发，盖上锅盖焖30分钟。

3 | 另一锅中放入黄油，倒入香葱丝后加盐，炒出香味。

4 | 放入切片的口蘑和鼠尾草，炒至水分蒸发后倒入搅拌机打成泥。

5 | 将步骤4的材料倒入步骤2的锅中，加盐调味。

蔬菜拼盘摆盘

材料

沙拉菜叶、意大利油醋汁 ……… 各适量
薄皮番茄……………………………… 4个
菊苣……………………………… 1片
腌菜花、帕尔玛奶酪碎、盐、胡椒粉、
特级初榨橄榄油 ………………… 各适量

做法

1 | 将沙拉菜叶和意大利油醋汁混合。

2 | 在大盘子中摆放做好的所有蔬菜、随意切块的薄皮番茄、菊苣、腌菜花，注意外形的平衡。在炖时蔬上撒帕尔玛奶酪碎。

3 | 摆好步骤1的沙拉，撒盐和胡椒粉，淋特级初榨橄榄油。

煮菜花煎蛋配鳀鱼大蒜蘸料

NATIVO

只用菜花这一种蔬菜，主角是令人印象深刻的鳀鱼大蒜蘸料。加入半熟煎鸡蛋的做法，是泷太大厨将在皮埃蒙特大区学习时吃到的员工餐进行改良的结果。

材料（1盘）

菜花	1/4个
盐	适量
鸡蛋	2个

鳀鱼大蒜蘸料

蒜	1kg
牛奶	适量
特级初榨橄榄油	500mL
红葡萄酒醋	250mL
鳀鱼	500g
鲜奶油	50mL
胡椒粉	适量

做法

1 | 制作鳀鱼大蒜蘸料。用牛奶煮蒜。

2 | 将特级初榨橄榄油和红葡萄酒醋倒入锅中，加蒜煮软。

3 | 放入鳀鱼拌匀，关火。

4 | 稍冷却后加入鲜奶油，用手动搅拌机搅拌至乳化。

5 | 将菜花放入盐水中焯水。

6 | 将鸡蛋做成半熟煎鸡蛋。

7 | 将菜花切成大块，装盘。放上半熟煎鸡蛋，淋鳀鱼大蒜蘸料，撒胡椒粉。

热量激发出了甜味和鲜味，可以按照喜好添加酱料。

鳀鱼大蒜蘸料拌甜椒
gucite

甜椒作为容器盛放鳀鱼大蒜蘸料，这是皮埃蒙特大区家庭中常见的菜品。清淡的味道适合搭配口感自然的酒水。

材料（2盘）

红甜椒 ……………………………… 1个

鳀鱼大蒜蘸料

蒜	10瓣
牛奶	适量
鳀鱼	5条
橄榄油	100mL
盐	适量

做法

1 | 将红甜椒放入200℃预热的烤箱，上下左右4面各烤10分钟。

2 | 将红甜椒装进塑料袋中，用余温闷。

3 | 红甜椒去皮、去籽。

4 | 制作鳀鱼大蒜蘸料。蒜放入牛奶中煮至牛奶沸腾。

5 | 另一口锅中放入蒜、橄榄油、鳀鱼后加热，用铲子压扁蒜和鳀鱼后翻炒，加盐调味。

6 | 将红甜椒纵向一分为二，装盘，装满鳀鱼大蒜蘸料。

甜椒酿金枪鱼
gucite

传统家常菜，西尾大厨称之为"令人想家"的味道。金枪鱼蛋黄酱的咸味和甜椒的甜味形成完美对比，一般会在刚开始用餐时提供，用来搭配白葡萄酒。

材料（2盘）

红甜椒 ……………………………… 1个

金枪鱼酱

金枪鱼罐头	150g
鳀鱼	2条
刺山柑花蕾（盐腌）	适量
蛋黄酱（见第199页）	100g

野生芝麻菜、特级初榨橄榄油…… 各适量

做法

1 | 将红甜椒用与"鳀鱼大蒜蘸料拌甜椒"步骤1～步骤3相同的方法预处理。

2 | 制作金枪鱼酱。去除金枪鱼罐头中的水分，将金枪鱼肉、鳀鱼和刺山柑花蕾放入搅拌机搅拌，再加入蛋黄酱继续搅拌。

3 | 将红甜椒纵向一分为二，分别涂上金枪鱼酱，然后卷起，放在铺有野生芝麻菜的盘子上，淋特级初榨橄榄油。

干烤菜花
Osteria O'Girasole

用大火干烤菜花。烤白菜般的香味、酒醋的酸味和干辣椒的辣味相辅相成，是一道味道强烈的下酒菜。

材料（1盘）

菜花	100g
蒜	1瓣
干辣椒	1根
红葡萄酒醋、橄榄油、盐	各适量

做法

1 | 菜花分成小朵，平底锅中倒入橄榄油，放入菜花烤出香味后翻面。

2 | 等菜花变色后添加橄榄油，让油没过食材。加盐、切末的蒜、去籽并切碎的干辣椒后翻炒。

3 | 倒入红葡萄酒醋，略加热后装盘。

罗马式洋蓟配玉米糊
Rio's Buongustaio

用橄榄油烹制装满薄荷与面包粉的洋蓟，搭配玉米糊。加热时，"毫不吝啬地使用特级初榨橄榄油"是好吃的秘诀。

材料（4人份）

洋蓟·······························4个
柠檬汁····························适量

馅料

薄荷、欧芹··················各适量
蒜······································1瓣
面包粉、盐、胡椒粉··········各适量
玉米糊※、薄荷叶、胡椒粉、特级初榨橄
榄油·····························各适量

※将玉米糊用牛奶、水和盐熬煮。由于要用作酱汁，所以比正常的玉米糊稀。

做法

1 | 切掉洋蓟顶部，削去外皮，露出白色部分（洋蓟容易变色，操作时要随时蘸柠檬汁）。

2 | 洗净洋蓟，洗掉柠檬汁，用勺子等工具掏空。

3 | 做馅料。将薄荷、欧芹、蒜切碎，与面包粉、盐、胡椒粉混合。

4 | 在掏空的洋蓟中抹盐，放入馅料，放至六成满。

5 | 将4个洋蓟摆在锅里，淋特级初榨橄榄油，没过洋蓟高度的2/3，加水没过食材。加热至水沸后继续煮20分钟。关火冷却。

6 | 将玉米糊装盘，放上洋蓟，淋煮过洋蓟的汤汁，放薄荷叶，撒胡椒粉。

皮埃蒙特式烤洋葱
NATIVO

花5个小时烤出的整洋葱是该店的招牌菜。在洋葱皮做成的容器中装满用黄油和奶酪调味、煮到黏稠的洋葱肉。放上粗面粉打出的慕斯，芳香四溢。

材料（1盘）

洋葱·····························1个
黄油····························5g
帕尔玛奶酪碎······················30g
盐、胡椒粉·······················各适量

粗面粉风味慕斯（适量使用）

| 牛奶·························500mL
| 粗面粉·······················47g
| 柠檬皮························适量
| 鲜奶油·······················100mL
特级初榨橄榄油·····················适量

做法

1 | 将整个洋葱放入190℃预热的烤箱，烘烤2.5小时。

2 | 切掉洋葱的上半部分，掏出中间的洋葱肉（皮要作为容器使用）。

3 | 将掏出的洋葱肉放进锅里，搅拌后小火煮约2小时，煮干水分。用黄油、帕尔玛奶酪碎、盐、胡椒粉调味。

4 | 将步骤3的材料装入步骤2的洋葱皮中，放黄油，撒帕尔玛奶酪碎。放入190℃预热的烤箱中烤15分钟。

5 | 制作粗面粉风味慕斯。锅中加入牛奶和粗面粉，加热出香味后过滤，加入磨碎的柠檬皮。

6 | 加入鲜奶油，倒入制作慕斯的容器，搅拌。

7 | 在洋葱上盖一层慕斯，淋特级初榨橄榄油，撒胡椒粉。

炭烤茄子和金枪鱼子干
falò

用高温炭火烤茄子，搭配鳀鱼风味的调味汁和金枪鱼子干的意式烤茄子。坚村主厨说这是一道"粗放的料理"。

材料（1盘）

茄子·····························1个

烧茄子酱汁

鳀鱼酱（见第198页）··············100g

红葡萄酒醋····················50mL

蜂蜜·····························15g

特级初榨橄榄油················100g

姜末···························少许

金枪鱼子干（片状）·················3片

欧芹、特级初榨橄榄油、盐·······各适量

做法

1 │ 用铁扦在茄子上戳几个洞，这样容易烤熟。将茄子直接放在炭火上，用喷枪烤到茄子皮变黑、烤透。

2 │ 趁热剥皮，撒盐。

3 │ 将制作烧茄子酱汁的材料全部混合，搅拌。

4 │ 将茄子装盘，淋上酱汁，撒姜末、金枪鱼子干和切碎的欧芹，淋特级初榨橄榄油。

帕尔玛奶酪焗茄子
Osteria O'Girasole

那不勒斯的待客料理。茄子、番茄、奶酪的味道相辅相成，既可以作主菜，也可以取少量作开胃菜。从红葡萄酒到富有夏日风情的白葡萄酒都可以搭配。

材料（25cm x 25cm x 4cm，1盘）

长茄子 ······························ 8~12根
粗盐、面粉、油（橄榄油）········· 各适量

番茄酱

| 过滤后的番茄汁 ···················· 750mL
| 蒜 ···································· 1瓣
| 罗勒 ······························· 2~3片
| 特级初榨橄榄油 ···················· 40mL
黄油、面包粉（极细）、帕尔玛奶酪碎
····································· 各适量
葫芦奶酪片 ························· 150g
罗勒································适量

摆盘

| 帕尔玛奶酪、罗勒··············· 各适量

做法

1 | 长茄子去蒂，纵向切成约7mm厚的片。

2 | 将茄子放入碗中，撒粗盐。茄子析出的水分铺满碗底后，倒入清水静置片刻。尝尝味道，稍感觉到咸味即可，沥干水分。

3 | 给茄子裹上面粉后用中等温度的油炸。

4 | 制作番茄酱。将特级初榨橄榄油倒入平底锅中，蒜压扁后炒制，加入过滤后的番茄汁和罗勒，煮20分钟。加盐调味，取出蒜和罗勒。

5 | 在盘子上抹一层黄油，撒面包粉，倒入薄薄一层做好的番茄酱。将1片茄子摆在盘中，依次叠放帕尔玛奶酪碎、番茄酱、葫芦奶酪片、罗勒。重复同样的过程，在铺好第3层茄子后在表面浇番茄酱。

6 | 在表面撒面包粉，放1片薄薄的黄油，放入180℃预热的烤箱中烤20分钟。冷却到常温或微热状态后装盘。

7 | 撒帕尔玛奶酪碎，摆放罗勒。

炭烧葱配煎鸡蛋
falò

用炭火烤整根大葱。包在铝箔纸中烤过的大葱香甜多汁，搭配半熟煎鸡蛋，是老少皆宜的铁板烧味道。炭盐的微苦味是很好的点缀。

材料（1盘）

大葱·····························2根
鸡蛋·····························2个
鳗鱼酱（见第198页）、帕尔玛奶酪、炭盐（见第198页）、胡椒粉、特级初榨橄榄油·····························各适量

做法

1 | 清理大葱，将根部稍切开，更容易烤熟。用铝箔纸包住大葱，直接放在炭火上烤软，从铝箔纸中取出大葱，直接放在炭火上烤至表面变色。

2 | 加热平底锅，打入鸡蛋煎到半熟。

3 | 将大葱和煎蛋装盘，放入鳗鱼酱、帕尔玛奶酪、炭盐、胡椒粉和特级初榨橄榄油。

炖菜、汤品

兰达佐风味茄子焖土豆
IL PISTACCHIO da Saro

在茄子刚成熟的季节呈现的一道菜品，炸土豆和炒青椒是这道菜的重点。桧森大厨说："这是西西里东部的小村庄中一位大婶教我做的菜，是充满回忆的味道。"

材料（4盘）

茄子	3个
土豆	3个
西葫芦	2个
油（橄榄油）	适量
青椒	2个
洋葱	1个
番茄	3个
白砂糖	1大勺
红葡萄酒醋	3大勺
盐、特级初榨橄榄油	各适量

长时间炖煮到软烂的蔬菜和豆子，有意式的味道。

做法

1 | 茄子去皮、切块，在盐水（材料外）中浸泡1小时后沥干水分。

2 | 土豆去皮、切块，西葫芦切大块，和茄子一起用180℃的油炸。

3 | 在另一平底锅中倒入特级初榨橄榄油，翻炒切成适口大小的青椒。加入少量水（材料外），加盐调味。

4 | 锅中倒入特级初榨橄榄油，油热后炒切片的洋葱，洋葱变软后加入番茄（事先用热水浸泡，去籽后用手压扁）。

5 | 步骤4中的材料软烂后加入步骤2和步骤3的材料，搅拌均匀后加入白砂糖和红葡萄酒醋，混合后立即关火。

芋头鸡肉干
Quindi

外表像日本料理，不过用热气腾腾的鸡肉高汤煮出的炸芋头，用橄榄油、芥末和鼠尾草调味后就变成了地道的西式料理。鸡肉干的鲜味令人回味无穷，想要再喝一杯。

材料

芋头	3个
油（橄榄油）	适量
鼠尾草	2片
热鸡肉高汤	100mL
鸡肉干※	适量
特级初榨橄榄油、芥末（见第199页）、盐	各适量

※鸡胸肉制成的肉干。

做法

1 | 用钢丝球擦洗净芋头，留下一层薄皮。

2 | 将芋头横向切成两半，用160℃的油炸到微微变色。

3 | 在锅中放入芋头、盐、鼠尾草，倒入热鸡肉高汤，没过芋头的1/3。盖上锅盖，放入150℃预热的烤箱中烤15分钟左右。

4 | 在步骤3的材料中加入特级初榨橄榄油和芥末，炖煮至乳化。

5 | 鸡肉干削薄片，用140℃的油炸，撒盐。

6 | 将步骤4的材料装盘，摆上鸡肉干。

炭烤白菜炖肉
falò

白菜切成两半，用炭火烤后铺在锅里，用肉汤炖煮猪五花肉，这是一道豪放的菜品。让客人看到煮好后的样子后再装盘，这道程序颇受好评。

材料（直径20cm的小圆炖锅，1锅）

白菜（小个）·············	1/2个
猪五花肉·················	60g
肉汤·····················	80mL
百里香···················	1根
青酱（见第198页）、盐、特级初榨橄榄油··················	各适量

做法

1 | 白菜表面撒盐后用炭火烤。

2 | 将烤过的白菜紧紧塞进炖锅，上面铺一层刷过盐的猪五花肉。

3 | 倒入肉汤，加少许盐后放入百里香。煮沸后盖上盖子，放入160℃预热的烤箱，炖至白菜中心变软。

4 | 淋青酱和特级初榨橄榄油，重新盖上盖子煮沸。在客人面前展示后切成方便食用的大小，连同汤汁一起装盘。

羊羔肉炖冬季蔬菜
Osteria O'Girasole

用莴苣、菊苣做馅，与炖羊羔肉放入同一锅中，用羊肉高汤炖煮，这是一道很有趣的"烩菜"。整体味道统一的羊肉清汤与白葡萄酒搭配非常合适。

羊羔肉第1道高汤

材料（方便制作的量）

带肉羊羔骨	2kg
洋葱	1个
蒜	1/2头
芹菜	1根
欧芹茎、茴香皮、水	各适量

做法

将所有材料放入锅中，大火煮沸后转小火，煮到充分入味后过滤。

茴香、芜菁、羊羔腿肉、鹌鹑蛋

材料（方便制作的量）

羊羔肉第2道高汤※	1L
茴香	2个
芜菁	4个
羊羔腿肉（或猪排骨）	500g
鹌鹑蛋	个数与人数相等
盐	适量

※羊羔肉煮过一次后，将羊羔骨、肉、蔬菜重新回锅，加水再煮后过滤得到的汤汁。

做法

1 | 将羊羔肉第2道高汤煮沸，放入切成月牙形的茴香，煮20分钟。再放入去皮并切成月牙形的芜菁，煮4分钟。二者都浸泡在汤汁中，冷却。

2 | 在羊羔腿肉上撒盐，静置1小时。倒出步骤1中的汤汁，放入羊羔腿肉和鹌鹑蛋（提前煮过后去壳）炖煮。所有食材浸泡在汤汁中冷却。

莴苣卷

材料（方便制作的量）

莴苣※.............................数片
面包、油（橄榄油）、刺山柑花蕾（醋
腌）、佩科里诺奶酪碎、鳀鱼、葡萄干
.............................各适量

※与欧洲菊苣相似的菊科蔬菜，味道微苦。

做法

1 | 分开莴苣的每片叶子，洗净，用盐水焯过后
拧干。

2 | 面包切成1cm见方的块，用中等温度的油炸。

3 | 将面包、刺山柑花蕾、佩科里诺奶酪碎、鳀鱼和
葡萄干放入碗中，倒橄榄油后混合。

4 | 铺开莴苣叶，放上步骤3的材料后卷起。用牙签
固定。

菊苣蛋卷

材料（方便制作的量）

菊苣※、蒜末、干辣椒、刺山柑花蕾、鳀
鱼、鸡蛋、盐、橄榄油..............各适量

※可以用莴苣代替。

做法

1 | 将菊苣煮熟后沥干水分。

2 | 平底锅中倒入橄榄油，加热后放蒜末、去子的干
辣椒、刺山柑花蕾和鳀鱼翻炒，加入菊苣后继续
翻炒。

3 | 将鸡蛋打进碗中，放入步骤2的材料和盐，搅拌。

4 | 平底锅中倒入橄榄油，加热后倒入步骤3的材
料，做成油炸豆腐的形状。

炒芜菁油菜

材料（方便制作的量）

芜菁油菜、蒜末、干辣椒、盐、橄榄油
.............................各适量

做法

1 | 洗净芜菁油菜，控干水分，略切开。

2 | 平底锅中倒入橄榄油，加热后放蒜末和去籽、切
碎的干辣椒翻炒，加入芜菁油菜后继续翻炒，用
盐调味。

摆盘

蒜末、干辣椒、橄榄油、帕尔玛奶酪碎
.............................各适量

绿酱汁（数字表示比例）

罗勒	1
欧芹	1
刺山柑花蕾（醋腌）	1
酸黄瓜	1
松子	1
橄榄油、粗盐	各适量

做法

1 | 锅中倒入羊羔肉第1道高汤、煮过茴香和芜菁的
汤汁、煮过羊羔腿肉和鹌鹑蛋的汤汁，煮沸。

2 | 加入茴香、芜菁、羊羔腿肉、鹌鹑蛋、莴苣卷、
菊苣蛋卷后略煮。

3 | 平底锅中倒入橄榄油，加热后放蒜末和去籽、切
碎的干辣椒翻炒。

4 | 将制作绿酱汁的所有材料倒入搅拌机搅拌。

5 | 将步骤2的材料和炒芜菁油菜装盘，倒入汤汁。
放入步骤3和步骤4的材料，撒帕尔玛奶酪碎。

焖煮芜菁叶
NATIVO

构成要素极简，只需要芜菁叶、蒜、鳀鱼、腌金枪鱼子即可。加少量水后大火焖煮，注意不要烧焦。腌金枪鱼子的咸味也很适合搭配葡萄酒。

材料（方便制作的量）

芜菁叶 ·························· 1kg
蒜 ···································· 1瓣
鳀鱼 ······························ 20g
水 ······························· 300mL
盐、胡椒粉、特级初榨橄榄油、腌金枪
鱼子 ·························· 各适量

做法

1 | 锅中倒入特级初榨橄榄油，加热后放入压扁的蒜翻炒出香味，加鳀鱼。

2 | 加入切成适口大小的芜菁叶，加盐和胡椒粉，倒水后大火焖煮（水分不足可适量添加）。

3 | 装盘，撒上磨碎的腌金枪鱼子。

意式炖汤
Gigi

说到意式炖汤，最著名的是里窝那的鱼贝海鲜汤。本店使用了鹰嘴豆炖汤，没有加番茄，而是做成了锡耶纳风味，鳀鱼的咸味与葡萄酒搭配很和谐。

材料（方便制作的量）

鹰嘴豆	250g
水	750mL

A
洋葱	1/2个
胡萝卜	1/2根
芹菜	1/2根
盐	少许
蒜	2瓣
洋葱	1/2个
鳀鱼	2条
君达菜	20片
特级初榨橄榄油	60mL

摆盘

佩科里诺奶酪※、胡椒粉、托斯卡纳面包	各适量

※使用陈年佩科里诺奶酪。

做法

1 | 用水冲洗鹰嘴豆，加入大量水（材料外）浸泡1晚。

2 | 倒掉浸泡鹰嘴豆的水，换新水后加材料A，小火炖煮（蔬菜类食材切成适口大小）。

3 | 用能让表面沸腾的火候炖煮，撇去浮沫。煮至可以轻松压扁豆子时关火，冷却。

4 | 将特级初榨橄榄油倒入锅中，放入压扁的蒜，小火炒出香味后加入切碎的洋葱，炒至洋葱变透明。

5 | 加入鳀鱼。

6 | 加入鹰嘴豆，倒入180mL煮豆子的汤汁。加入切成块的君达菜后盖上盖子，小火炖煮30分钟左右。

7 | 装盘，撒佩科里诺奶酪和胡椒粉，搭配烤过的托斯卡纳面包。

盐煮金枪鱼配白扁豆沙拉
Gigi

西田大厨精心选择的意大利金枪鱼，搭配软绵绵的炖煮白扁豆。金枪鱼用橄榄油、柠檬汁、盐、胡椒粉调味，简单的味道衬托出食材的口感与风味。

材料（1盘）

盐煮金枪鱼※ ·································· 90g
炖煮白扁豆（见第81页）············ 180g
红洋葱 ······································· 1/8个
盐、胡椒粉 ······························· 各适量
柠檬汁 ······························· 1/2个柠檬的量
特级初榨橄榄油 ···························适量

※ 使用意大利产的金枪鱼罐头，中段肉。

做法

1 │ 将1/3的盐煮金枪鱼放入碗中，加炖煮白扁豆、切成5mm见方的红洋葱块。加盐、胡椒粉、柠檬汁、特级初榨橄榄油后充分混合，调味。

2 │ 装盘，盖上剩下的盐煮金枪鱼，撒胡椒粉。

番茄炖白扁豆
Gigi

用番茄炖煮托斯卡纳大区产的白扁豆，是一道让人"吃了就想喝酒，喝酒时就想来一盘"的菜品。

材料（方便制作的量）

白扁豆※	500g
水	1.5L

A

洋葱	1个
胡萝卜	1根
芹菜	1根
盐	少许
蒜	1瓣
鼠尾草	1根
番茄※※	90mL
盐	适量
特级初榨橄榄油	45mL

※使用托斯卡纳的品种或意式白豆。

※※使用去皮的整番茄罐头。

做法

1 | 白扁豆用水洗净，加入大量清水（材料外）浸泡1晚。

2 | 倒掉浸泡白扁豆的水，加新水（约是豆子的3倍）。加入材料A（蔬菜切成适口大小），小火炖煮。

3 | 用能让表面沸腾的火候炖煮，撇去浮沫。煮到可以轻松压扁白扁豆时，关火冷却。

4 | 平底锅中倒入30mL特级初榨橄榄油，加入压扁的蒜，小火炒出香味，蒜微微变色后加入鼠尾草提味。

5 | 用容量为180mL的汤勺取1勺煮白扁豆的汤汁，加入步骤4的锅中，放入过滤后的番茄，中火炖煮5分钟左右，用盐调味。

6 | 最后淋15mL特级初榨橄榄油。

煎意式杂蔬汤
Bricca

改良菜的代表，将豆子和蔬菜汤重新改良，很有趣的一道菜品。煎杂蔬汤表面就像外酥里嫩的西式什锦烧。

材料

杂蔬

混合豆子※	200g
蒜	2瓣
洋葱	240g
胡萝卜	160g
芹菜	80g
皱叶圆白菜	600g
牛筋肉汤	适量
番茄	1个
百里香	4根
月桂叶	2片
面包（硬面包）、盐、橄榄油	各适量

※使用无农药栽培、手工干燥的北海道村上农场生产的精选白扁豆和花豆。

摆盘

帕尔玛奶酪碎、香醋膏、罗勒酱、菊苣、特级初榨橄榄油	各适量

做法

杂蔬

1 | 锅中倒入橄榄油，加热后放入压扁的蒜翻炒出香味，加入切片的洋葱、胡萝卜和芹菜继续翻炒。

2 | 将混合豆子浸泡1晚，事先煮过后，和随意切开的皱叶圆白菜一起放入步骤1的锅中翻炒。

3 | 倒入牛筋肉汤，放入切成大块的番茄、百里香、月桂叶和撕开的面包，加盐后小火煮至黏稠。

4 | 取出一半步骤3的材料，放入搅拌机中打成糊。

5 | 将步骤4的材料倒回锅中。

摆盘

1 | 将橄榄油倒入平底锅中，放入1个直径7cm的环形模具，撒入帕尔玛奶酪碎后倒入杂蔬，上面再撒帕尔玛奶酪碎。

2 | 将双面煎至焦黄。

3 | 盘中倒入香醋膏，放入杂蔬。搭配罗勒酱和菊苣，淋特级初榨橄榄油。

小扁豆汤
IL PISTACCHIO da Saro

切碎的迷迭香叶和豆子、蔬菜一起炖煮，清香的味道令人印象深刻。最后加入橄榄油，注意不要过于油腻。

材料（方便制作的量）

小扁豆	500g
水	适量
洋葱	1/2个
胡萝卜	1/2根
芹菜	1根
土豆	1个
番茄	1个
迷迭香叶、盐、特级初榨橄榄油	各适量

做法

1 | 将小扁豆放入装满水的锅中，煮沸后过滤。

2 | 将小扁豆倒回锅中，重新注入刚好没过豆子的水。加入切碎的洋葱、胡萝卜、芹菜和去皮后切成1cm见方的土豆、焯水后去子并用手压扁的番茄、撕成细条的迷迭香叶，大火煮沸后调小火，煮1小时。

3 | 土豆煮烂、小扁豆变软后加盐调味。倒入大量特级初榨橄榄油搅拌，关火。

鹰嘴豆大米浓汤
IL PISTACCHIO da Saro

冬季家常菜。味道浓郁，适合在放下酒杯的休息时间品尝。桧森大厨将这道菜作为头盘，也可以取少量作为开胃菜提供。

材料（方便制作的量）

鹰嘴豆 ·································· 500g
水 ·· 适量
洋葱 ······································ 1个
迷迭香 ·································· 适量
大米 ···································· 250g
盐、特级初榨橄榄油 ············· 各适量

做法

1 | 用水浸泡鹰嘴豆12个小时，取出后沥干水分。

2 | 将鹰嘴豆放入锅中，加水没过豆子，放入切片的洋葱、切碎的迷迭香后大火煮沸，调小火煮三四个小时。如果水分熬干，可以适当补充，煮至豆子变软。

3 | 加盐和特级初榨橄榄油。

4 | 取另一口锅烧水，撒盐后放入大米煮10～15分钟，将米沥干水分。

5 | 将鹰嘴豆和米倒入锅中混合，小火加热5分钟。

布拉塔奶酪南瓜浓汤
NATIVO

用烤箱烤过后，南瓜的甜味愈发浓郁，充分炖煮后做成丝滑的浓汤。南瓜朴素的味道与松露片的奢侈形成鲜明的对比，是一道令人印象深刻的菜品。

材料（10人份）

南瓜浓汤

南瓜	1个
洋葱	1个
胡萝卜	1根
橘子	1个
牛奶	300mL
黄油	30g
盐、特级初榨橄榄油	各适量

摆盘

布拉塔奶酪、松露、胡椒粉、特级初榨橄榄油	各适量

做法

南瓜浓汤

1 | 用铝箔纸包住整个南瓜。放入200℃预热的烤箱烤2小时左右，烤至南瓜松软。

2 | 锅中放入黄油和特级初榨橄榄油，加热后翻炒切片的洋葱和胡萝卜。放入南瓜后小火加热，引出甜味。

3 | 将步骤2的材料煮至黏稠后加入橘汁和削成片的橘皮，倒入牛奶，用盐调味，用手动打蛋器搅拌。

摆盘

1 | 用水加热布拉塔奶酪。

2 | 将南瓜浓汤倒入容器中，摆上布拉塔奶酪，撒切片的松露和胡椒粉，淋特级初榨橄榄油。

海鲜类

刺身、炙烤

烤物、炸物

下酒鱼肉料理

章鱼、乌贼

虾、蟹、贝类

刺身、炙烤

将生鱼片稍加工，就能制成富有新意、符合客人口味的菜品。

冰镇比目鱼刺身
Quindi

将生鱼片用冰水冰镇，蘸汁里加入了用生鱼泡制的盐汁，融合了日本和意大利的技术和味道。安藤主厨表示，这是一道"为搭配日本酒而创作的菜品"。

材料（方便制作的量）

比目鱼薄片 ···································20片
比目鱼尾肉、比目鱼皮 ··············各适量

盐汁醋
> 盐汁 ·······································50mL
> 白葡萄酒醋 ····························20mL
> 特级初榨橄榄油 ···················200mL
> 盐、胡椒粉 ···························各适量

鲹鱼 ···1条
番茄干、刺山柑花蕾（醋腌）、橄榄、小葱、欧芹、菊苣、白葡萄酒醋、盐
···各适量

做法

1 | 将比目鱼尾肉切成2cm宽的条。皮切成5mm宽的条，焯水。

2 | 将制作盐汁醋的所有材料倒入搅拌机中搅拌。

3 | 鲹鱼、番茄干、刺山柑花蕾、橄榄分别切碎，小葱和欧芹切成适当大小。

4 | 菊苣切小丁，加入盐和白葡萄酒醋揉搓，静置1天。

5 | 将比目鱼薄片放入冰水中冰镇2分钟左右，取出后用厨房纸巾擦干。

6 | 将比目鱼薄片装盘，淋盐汁醋，撒上其他材料。

盐腌鱼
Rio's Buongustaio

以盐腌牛肉生火腿为灵感做出的鱼肉料理。渡部大厨认为，腌制时间"如果是1天，还会留下刺身的口感，如果是3天就会变硬"，因此以2天为标准。

材料（方便制作的量）

紫鲕 ·· 1条
盐 ·································· 紫鲕重量的1.4%

意式番茄酱

番茄 ·· 3个
橄榄 ·································番茄量的1/2
刺山柑花蕾（醋腌）·······番茄量的1/2
蒜油（上层清液）、白葡萄酒醋
·· 各适量
芝麻菜、莳萝、特级初榨橄榄油
·· 各适量

做法

1 │ 清理紫鲕，去腥，撒盐后包在吸水纸中，冷藏2天。

2 │ 去掉吸水纸，将紫鲕切成3mm厚的片，摆在保鲜膜上，不要重叠，上面再盖一层保鲜膜，用擀面杖轻敲。

3 │ 制作意式番茄酱。将番茄、橄榄、刺山柑花蕾分别切成5mm见方的小丁，与蒜油的上层清液和白葡萄酒醋混合。

4 │ 芝麻菜和鱼片装盘，淋意式番茄酱，点缀莳萝，淋特级初榨橄榄油。

芦苇炙烤鲕鱼配柚子酱
falò

芦苇炙烤鲣鱼配新鲜番茄酱
falò

红肉鱼和青鱼厚片用芦苇炙烤后敲松，是极具本店风格的菜品。在鱼肉的切面上撒盐和其他调料，用刀刃轻敲，在入味的同时敲松纤维，让口感更好。左边的鲕鱼味道清淡，所以用芥末和柚子等香味浓郁的酱汁搭配，右边的鲣鱼则搭配番茄酱和能衬托其鲜味的鳀鱼酱。

材料（1盘）

鲕鱼	200g
盐	适量

柚子酱（方便制作的量，使用适量）

蛤仔汁	360mL
芥末	10g
鱼露	5mL
柚子汁	30mL
色拉油	210mL
柚子皮碎	1/2个柚子的量
胡葱、柚子皮碎	各适量

做法

1 | 鲕鱼切成4cm见方的块，撒盐后拍打。表面用芦苇炙烤出香味。

2 | 将鲕鱼切成两半，切面撒少许盐，用刀背轻敲入味。

3 | 制作柚子酱。将蛤仔汁煮至黏稠。

4 | 将蛤仔汁、芥末、鱼露、柚子汁倒入碗中混合，慢慢加入色拉油，用打蛋器搅拌，与制作蛋黄酱的手法相同。加入柚子皮碎，继续搅拌。

5 | 将鲕鱼装盘，淋柚子酱，撒切成小段的胡葱和柚子皮碎。

材料（1盘）

鲣鱼	150g
盐	适量

新鲜番茄酱（方便制作的量，使用适量）

番茄	2个
鳀鱼酱（见第198页）	8g
盐、特级初榨橄榄油	各适量
红洋葱片、欧芹碎、特级初榨橄榄油、盐	各适量

做法

1 | 鲣鱼切成3cm见方的块，撒盐后拍打。表面用芦苇炙烤出香味。

2 | 将鲣鱼切成两半，切面撒少许盐，用刀背轻敲入味。

3 | 制作新鲜番茄酱。番茄去籽，切小块，撒少许盐后与其他材料混合。

4 | 将鲣鱼装盘，淋新鲜番茄酱，放红洋葱片，撒欧芹碎和盐，淋特级初榨橄榄油。

鲕鱼肉脍海藻挞
Quindi

在加入海藻的挞坯上摆放鲕鱼肉脍，是一道奢侈的小零食。鲕鱼肉脍用牛肉高汤和腌泡汁调味，点缀意大利白醋风味的自制鱼松。

材料

海藻挞

高筋面粉	200g
低筋面粉	200g
发酵黄油※	400g
冷水	190mL
盐	6g
细砂糖	20g
面粉、海藻粉※※	适量

※在鲜奶油中加入乳酸菌，在34℃的环境中静置1天，用搅拌机搅拌成的自制发酵黄油。

※※使用当季的海藻，干燥后打成粉末。

鲕鱼肉脍

冰鲕鱼	1/2条

腌泡汁

水	1L
盐	50g
细砂糖	30g
姜片	40g
芹菜片	70g
芫荽、绿豆蔻、月桂叶	各适量

绿橄榄	适量
蛋黄	1/2个
牛肉高汤	适量
腌泡汁	与牛肉高汤等量
特级初榨橄榄油、柠檬汁	各适量

自制鱼松

白肉鱼中段、白葡萄酒、意大利白醋、盐	各适量

腌菊苣

菊苣、白葡萄酒醋、盐	各适量

摆盘

腌菊苣※、茼蒿青酱（见第199页）、特级初榨橄榄油	各适量

※切成厚片的菊苣，用盐和白葡萄酒醋腌制。

做法

海藻挞

1 | 混合高筋面粉和低筋面粉，和成面团，去掉粉块。

2 | 将面团冷却后切成1cm见方的块，与发酵黄油混合后放入料理机中，可加入冷水，迅速搅拌。

3 | 将面团擀成方块，用保鲜膜包好，冷藏发酵半天。

4 | 用擀面杖将面团擀平，表面撒盐、细砂糖、面粉和海藻粉，折成3折后展开，继续撒海藻粉，这道工序重复至少6次。包上保鲜膜，发酵1小时以上。

5 | 将面团擀成7mm厚的面片，铺在烤盘中，在160℃预热的烤箱中烤制。变色前取出，切成2cm宽、10cm长的长方形。

6 | 烤箱180℃预热，放入面片，烤至充分变色，约需要15分钟。

鲕鱼肉脍

1 | 处理冰鲕鱼，去掉血丝后塑形。

2 | 将腌泡汁的所有材料放入锅中，小火煮沸后将锅放在冰块中冷却。

3 | 将鲕鱼浸入腌泡汁中，冷藏1晚。

4 | 取出鲕鱼，擦干表面水分后用吸水纸包裹，冷藏发酵4天以上。

5 | 将鲕鱼切成1cm见方的块，与用搅拌机搅拌后的绿橄榄和蛋黄混合。

6 | 将牛肉高汤、腌泡汁、特级初榨橄榄油混合，与柠檬汁一起加入鲕鱼中。

自制鱼松

1 | 将所有材料放入锅中，小火加热。要注意随时搅拌，避免鱼肉烧焦，煮到水分蒸发、鱼肉变干为止。

2 | 沥干后冷却至常温。

摆盘

1 | 将鲕鱼肉脍放在海藻挞上，淋特级初榨橄榄油。放上腌菊苣和自制鱼松。

2 | 装盘，搭配茼蒿青酱。

烤乳清奶酪夹心秋刀鱼
gucite

在意大利多用沙丁鱼制作，在日本改用秋刀鱼。搭配用秋刀鱼内脏和骨头做成的微苦酱料，可以尽情享受秋刀鱼的风味，新鲜番茄酱的酸味让味道更加紧凑。

材料（4盘）

秋刀鱼 ·······························2条
盐、白胡椒粉······················各适量

馅料

乳清奶酪（水、牛奶）··········· 200g
帕尔玛奶酪······················· 10g
欧芹·····························2根
鸡蛋·····························1个
盐、白胡椒粉······················各适量

秋刀鱼酱

秋刀鱼头、骨头、内脏········ 2条的量
蒜末、番茄、罗勒、水、橄榄油
·····························各适量
番茄酱（见第198页）、橄榄油··· 各适量

做法

1 | 秋刀鱼去头、尾，从腹部取出骨头和内脏。切成2段，撒盐和白胡椒粉。头、骨头与内脏备用。

2 | 制作馅料。在除去水分的乳清奶酪中加入帕尔玛奶酪、切碎的欧芹、蛋液、盐和白胡椒粉。

3 | 将馅料放在秋刀鱼上，在上面再盖一层秋刀鱼。

4 | 将橄榄油倒入锅中，加热后将步骤3的秋刀鱼煎至表面变色，移入200℃预热的烤箱中再烤5分钟。

5 | 将秋刀鱼切成2份，装盘，淋秋刀鱼酱（后述）和番茄酱。

秋刀鱼酱

1 | 将橄榄油倒入锅中，加热后放入秋刀鱼头、骨头、内脏和蒜末翻炒。

2 | 加入切成大块的番茄、切碎的罗勒和水，小火煮至浓稠后过滤。

煎奶酪夹心沙丁鱼
Osteria O'Girasole

原本是用从脊背切开的小沙丁鱼包住奶酪的那不勒斯料理，店里改成了用肥厚的沙丁鱼制作。松脆的外皮与入口即化的奶酪内馅浑然一体。

材料（1盘）

沙丁鱼 ······························· 1条
葫芦奶酪·························· 15g
罗勒、面粉、蛋液、面包粉、柠檬、
盐、橄榄油 ······················各适量

做法

1 │ 沙丁鱼去头和内脏，从腹部切开后洗净，擦干水分。

2 │ 在沙丁鱼上撒盐，夹满葫芦奶酪和罗勒。

3 │ 撒面粉，裹上蛋液后撒面包粉。

4 │ 锅中倒入大量橄榄油，放入沙丁鱼，煎出香味后翻面，煎至两面都变焦黄。最后将有奶酪漏出的一面朝下煎。

5 │ 装盘，搭配切成月牙形状的柠檬。

炭烤、煎炸、腌渍……丰富多彩的
各种意式鱼料理。

威尼斯风味腌沙丁鱼
gucite

沙丁鱼、洋葱、葡萄干、松子是威尼斯料理的常规组合。炸好的沙丁鱼腌制几日后会产生柔和的酸味，与月桂叶的微微甜香搭配，是这道菜的重点。

材料（方便制作的量）

沙丁鱼	500g
高筋面粉、油（橄榄油）	各适量
洋葱	5个
白葡萄酒	200mL
白葡萄酒醋	500mL
葡萄干、松子、月桂叶、盐、橄榄油	各适量

做法

1 | 将沙丁鱼切成3片，涂满盐后静置1小时，擦干水分。

2 | 撒上高筋面粉，用180℃的油迅速炸制。

3 | 平底锅中倒入橄榄油，加热后加盐和切片洋葱翻炒。

4 | 洋葱变软后加入白葡萄酒，让酒精挥发。煮一段时间后加入白葡萄酒醋、葡萄干、松子、月桂叶，煮至洋葱吸足水分。

5 | 将沙丁鱼装盘，盖上洋葱，冷藏腌制半天。在上桌前1小时拿出，放至常温，保持微凉的状态端出。

炭烤沙丁鱼配新鲜圣女果酱
falò

重点是将沙丁鱼皮直接接触炭，烤出油脂和香味。香气扑鼻的沙丁鱼和清爽的圣女果酱、青酱的组合余味悠长。

材料（1盘）

沙丁鱼 ······················· 1条
盐 ···························· 适量

新鲜圣女果酱（方便制作的量，使用适量）

蒜 ··························· 10g
干辣椒 ······················· 1根
圣女果 ······················ 200g
盐 ···························· 适量
青酱（见第198页）、特级初榨橄榄
油、炭盐（见第198页）········ 各适量

做法

1 | 将沙丁鱼切成3片，撒盐，将皮直接放在炭火上，烤出香味。

2 | 平底锅中倒入橄榄油，加入切碎的蒜和干辣椒，炒出香味后放入切成两半的圣女果，煮至稍软烂后关火，加盐调味。

3 | 将圣女果酱倒入盘中，放入沙丁鱼，淋青酱、特级初榨橄榄油，撒炭盐。

炭烤竹棒卷带鱼
falò

灵感来源于日本爱媛县的乡土料理，原本搭配日式烤鱼的蘸料。将小带鱼卷在竹棒上用炭火烤。意大利黑醋能让人想到日式烤鱼的味道，很有亲切感。

材料（1盘）

带鱼（小）……………………………1条
低筋面粉、意大利黑醋、香草（龙蒿、
莳萝、香叶芹）、红辣椒、盐……各适量

做法

1 | 将带鱼切成3片，带皮的一面撒上低筋面粉，螺旋形卷在直径1cm、长20cm左右的竹棒上。

2 | 撒盐，用炭火烤出香味。

3 | 连竹棒一起装盘，淋意大利黑醋，撒香草和红辣椒。

炭烤鳗鱼莲藕配辣根酱
falò

干烧鳗鱼通常会搭配芥末，这道炭烤鳗鱼则用有辣味的辣根做酱料。辣根品质稳定、容易提香，这里使用了冷冻辣根。

材料（1盘）

鳗鱼·························· 1/3条
莲藕·························· 30g

辣根酱（方便制作的量，使用适量）

辣根·························· 100g
白葡萄酒醋··················· 20mL
盐···························· 1g
特级初榨橄榄油················适量
盐、欧芹、特级初榨橄榄油······· 各适量

做法

1 │ 鳗鱼清理干净后切开，穿在铁扦上。莲藕切成7mm厚的片，在鳗鱼和莲藕上撒盐后用炭火烤。

2 │ 制作辣根酱。磨碎辣根，与其他材料混合。

3 │ 将鳗鱼和莲藕装盘，淋辣根酱。撒上切成小丁的欧芹，淋特级初榨橄榄油。

下酒鱼肉料理

蒜蓉鳕鱼菜花泥
Bricca

为了保留鳕鱼的口感和味道，特意控制了盐分，做出"新鲜鳕鱼泥"的质感，搭配同样为白色的菜花泥和芜菁。风干后的生芜菁口感松脆，可以作为令人愉悦的配菜。

材料（方便制作的量）

蒜蓉鳕鱼泥

鳕鱼 ··············	1片
盐··············	鳕鱼重量的1%
牛奶··············	适量
蒜··············	2瓣
鲜奶油··············	200mL
特级初榨橄榄油··············	100mL

菜花泥

菜花 ··············	1个
洋葱 ··············	1/2个
牛奶、盐、橄榄油··············	各适量

风干芜菁

芜菁、盐 ··············	各适量

摆盘

面包、胡椒粉、特级初榨橄榄油··············	各适量

做法

蒜蓉鳕鱼泥

1｜鳕鱼加盐，在冷藏室中保存3天左右（为了蒸发水分，不裹保鲜膜）。

2｜锅中倒入浅浅一层牛奶，放入鳕鱼和蒜，小火煮至水分几乎全部蒸发，注意不要烧焦，约需要1小时。

3｜将步骤2的材料放入料理机中搅拌成颗粒较粗的糊，趁热倒入碗中，加鲜奶油、特级初榨橄榄油搅拌，注意不要让食材分离。

菜花泥

1｜锅中倒入橄榄油，煎切片的洋葱。

2｜加入切成适当大小的菜花，倒入浅浅一层牛奶，煮至菜花变软，加盐调味。

3｜用打蛋器打成顺滑的糊。

风干芜菁

芜菁带皮切成较细的月牙形，加盐后放在滤网上，在通风凉爽处静置两三天。

摆盘

1｜将蒜蓉鳕鱼泥装盘，放上菜花泥和风干芜菁，撒胡椒粉、淋特级初榨橄榄油。

2｜搭配面包食用。

盐渍鳕鱼、蒜蓉柳叶鱼自不必说，海鲜汤也很适合下酒。本节将介绍8款下酒鱼肉料理。

蒜蓉鳕鱼泥配玉米糊
gucite

松软、奶油状的蒜蓉鳕鱼泥，与外皮酥脆、内里滑爽的玉米糊形成鲜明的对比。香气与味道相辅相成，
是一道朴素的菜品。

材料（方便制作的量）

蒜蓉鳕鱼泥

盐渍鳕鱼（见第199页）	300g
A	
洋葱、胡萝卜、芹菜	各适量
鼠尾草	1束
月桂叶	4片
柠檬	1个
盐	少许
黄油	100g
月桂叶	3片
洋葱	1个
白葡萄酒	300mL
牛奶	500mL
土豆	2个
鲜奶油	100mL
橄榄油、特级初榨橄榄油	各适量

摆盘

玉米糊※、橄榄油	各适量
白胡椒粉、特级初榨橄榄油	各适量

※玉米糊用水和盐煮好后，倒入1cm左右高的模子中
冷却、凝固。

做法

1 | 锅中倒满水（材料外），加入材料A煮沸（蔬菜切成适当大小）。

2 | 放入盐渍鳕鱼，小火煮软。

3 | 取出盐渍鳕鱼，去骨、去皮后切开。

4 | 锅中放入橄榄油和黄油，加热后放月桂叶和切片的洋葱翻炒。

5 | 加入盐渍鳕鱼和白葡萄酒，酒精挥发后加入牛奶，小火加热。

6 | 煮至牛奶剩一半后，加入煮软、去皮并切成适当大小的土豆和鲜奶油。关火，倒入料理机中，加入特级初榨橄榄油搅拌。

7 | 将玉米糊切成4cm见方的块，放进160℃的油中炸。

8 | 在玉米糊上放蒜蓉鳕鱼泥，撒白胡椒粉，淋特级初榨橄榄油。

冷青花鱼山药冻
Bricca

肥厚的青花鱼和黏稠的山药交叠，是一道存在感很强的肉冻。重点在于用盐将青花鱼腌制30分钟左右去腥。搭配橙酒和红葡萄酒味道最佳。

材料（25cm×18cm×8cm的模具，1个）

冷青花鱼山药冻

青花鱼	3条
盐	青花鱼肉重量的0.8%
山药	1kg
意式培根	适量

油浸圣女果

圣女果、盐、特级初榨橄榄油	各适量

洋葱酱

洋葱	1/2个
牛至	少许
白葡萄酒醋、盐	各适量

摆盘

欧芹	适量

做法

冷青花鱼山药冻

1 | 将青花鱼切成3片，去骨后做成鱼排。

2 | 将青花鱼放在吸水纸上，撒盐，静置20~30分钟。

3 | 煮山药。山药去皮后放入不粘锅中加热，用刮刀等工具碾碎，让水分蒸发，撒盐。

4 | 在肉冻模具中铺上意式培根，按照青花鱼、山药、青花鱼、山药、青花鱼的顺序叠放。盖上盖子后放入100℃预热的烤箱中隔水烤制40~50分钟。

5 | 冷却后打开盖子，压上重物后放进冷藏室中保存。

油浸圣女果

1 | 将圣女果横向切成两半，撒少许盐。

2 | 放入50℃预热的烤箱中烤至半干。

3 | 泡在特级初榨橄榄油中保存。

洋葱酱

洋葱切碎，与牛至、白葡萄酒醋和盐充分混合。

摆盘

1 | 将切成1cm左右厚的肉冻装盘，撒油浸圣女果。

2 | 淋洋葱酱，撒切碎的欧芹。

飞鱼丸子
Quindi

在安藤大厨的故乡日本鸟取县，人们经常会吃飞鱼（燕鳐鱼）。这是一道以此为灵感的飞鱼菜品，姜的香气和酸甜的黑蒜让这道菜别有一番风味。

材料（方便制作的量）

飞鱼丸子

飞鱼	······	10条

蘸汁

水	······	1L
盐	······	50g
细砂糖	······	60g
白砂糖	······	30g
姜片	······	20g
芹菜片	······	35g
香菜	······	少许

飞鱼蘑菇汤

飞鱼骨	······	10条
水	······	适量
蘑菇	······	200g
香葱	······	1根
盐、特级初榨橄榄油	······	各适量

黑蒜汁

黑蒜	······	5g
鸡汤、特级初榨橄榄油	······	各适量

摆盘

小葱	······	适量

做法

飞鱼丸子

1 | 将制作蘸汁的材料全部放入锅中，煮沸后将整个锅放入冰块中冷却。

2 | 将飞鱼切成3片，浸泡在蘸汁中，冷藏腌制1天。鱼骨留下制作飞鱼蘑菇汤。

3 | 擦干飞鱼的水分，放入料理机中打成糊。

4 | 用勺子舀起飞鱼糊，放在涂过橄榄油的平底锅中煎，注意形状不要散。

飞鱼蘑菇汤

1 | 在飞鱼骨上撒盐，放入200℃预热的烤箱中烤至变色，放入水中熬出味道。

2 | 锅中倒入特级初榨橄榄油，加盐、切片的蘑菇和切末的香葱，翻炒至水分蒸发后用搅拌机打成糊。

3 | 将步骤2的材料放入步骤1的锅中，加热，倒入特级初榨橄榄油乳化。

黑蒜汁

锅中放入特级初榨橄榄油和黑蒜后开火。压扁黑蒜，加入刚做好的鸡汤。

摆盘

1 | 飞鱼丸子装盘，倒入飞鱼蘑菇汤，淋黑蒜汁和特级初榨橄榄油。

2 | 搭配小葱。

红鳍东方鲀意大利卷
Quindi

用油豆腐皮裹住红鳍东方鲀的肉、鱼子和皮，外表像意大利卷的一道菜品。油豆腐皮浓郁的豆香衬托出鱼的味道和口感。根据河豚火锅的灵感，搭配了韭葱酱。

材料（1盘）

红鳍东方鲀卷

红鳍东方鲀（雄）…………………	1条
洋葱 …………………………………	1/4个
百里香 ………………………………	2根
油豆腐皮 ……………………………	1/2张
盐、特级初榨橄榄油…………	各适量

韭葱酱、韭葱片

韭葱 …………………………………	1根
蒜 ……………………………………	1/2头
高筋面粉、盐、特级初榨橄榄油、油（橄榄油）…………	各适量

摆盘

热鸡汤、白胡椒粉、橘皮山椒※、杜卡※※、特级初榨橄榄油…………	各适量

※无农药栽培的橘子皮与山椒混合的调味料。

※※各种坚果和香料混合而成，中东地区的香料。

做法

红鳍东方鲀卷

1 | 处理红鳍东方鲀，将肉、骨头、鳍、嘴、皮、鱼子分开。

2 | 鳍和嘴撒盐，放入150℃预热的烤箱中烤至变色。

3 | 锅中倒满水，放入步骤2的材料、骨头、切成适当大小的洋葱、百里香，煮至入味。

4 | 过滤，与加盐的鱼肉、切成丝的皮和鱼子装进袋子里抽真空，放入95℃的热水中浸泡1.5小时。

5 | 将鱼肉、皮、鱼子用手分开，放进锅中加热，让水分蒸发，加入特级初榨橄榄油搅拌。

6 | 用油豆腐皮包裹步骤5的材料，上桌前用85℃预热、湿度100%的蒸汽烤箱烤7分钟。

韭葱酱、韭葱片

1 | 将韭葱绿切碎。锅中倒入特级初榨橄榄油，加热后将韭葱绿与压扁的蒜一起翻炒，撒盐。

2 | 盖上锅盖，放入150℃预热的烤箱中烤20分钟，用打蛋器打成糊。

3 | 将韭葱白切碎，撒高筋面粉，用140℃的油炸成片。

摆盘

1 | 将韭葱酱用热鸡汤调开，加热，撒白胡椒粉。

2 | 将韭葱酱装盘，放上红鳍东方鲀卷，撒韭葱片、橘子山椒、杜卡，淋特级初榨橄榄油。

蒜蓉柳叶鱼配撒丁岛面包
Quindi

将整条北海道柳叶鱼做成蒜蓉味，用从葡萄酒中榨取的天然酵母烤面包，浸泡在油中食用。这道菜品的关键是鱼的汁水与天然酵母面包的搭配。

材料（5人份）

柳叶鱼 ·································5条
鳀鱼 ·······································2条
蒜 ···2瓣
干辣椒 ·································1/2根
九条葱 ·································1根
牛至、龙蒿、芦笋菊苣、撒丁岛面包
（见第199页）、盐、胡椒粉、特级初榨
橄榄油 ·································各适量

做法

1 | 柳叶鱼刮鳞、去内脏，用浓度2%的盐水浸泡半天。

2 | 锅中放入柳叶鱼、鳀鱼、蒜、干辣椒，倒入特级初榨橄榄油后开火，等温度到达120℃后加入牛至，加热15分钟。

3 | 加入切成1.5cm宽的九条葱，葱变软后加入龙蒿。

4 | 装盘，放入用特级初榨橄榄油煎制的芦笋菊苣，撒胡椒粉，搭配切成1cm厚的撒丁岛面包。

鱼子洋葱汤
falò

坚村大厨介绍这道料理"只是在洋葱汤上加了鱼子",这道热气腾腾的菜品非常适合在寒冷的冬季品尝,人气极高。这同样是一道适合搭配温酒的菜品。

材料(1盘)

鳕鱼子 ·············· 50g

洋葱汤(方便制作的量,使用适量)

洋葱 ··············	2kg
肉汤 ··············	2L
黄油 ··············	50g
盐 ··············	25g

面包边、格鲁耶尔奶酪、帕尔玛奶酪片、盐、胡椒粉、橄榄油 ·········· 各适量

做法

1 | 制作洋葱汤的底料。洋葱切片,放入橄榄油中翻炒。撒少许盐,炒至洋葱颜色变黄。

2 | 倒入肉汤,加盐,煮至整体变黏稠,最后加黄油提香。

3 | 将汤倒入耐热容器中,摆好面包边和鳕鱼子,撒格鲁耶尔奶酪和帕尔玛奶酪片。

4 | 放入250℃预热的烤箱中烤至奶酪散发出香味,撒胡椒粉。

海鲜汤配黄油炸鱼子
Bricca

普通的海鲜汤是将各种鱼贝类一起煮，金田大厨的海鲜汤则是分别准备虾、比目鱼、蛤蜊的汤汁后混合。"优点在于味道更清淡，还可以根据喜好调出不同的混合比例。"

材料（方便制作的量）

海鲜汤

洋葱	240g
胡萝卜	160g
芹菜	80g
蒜	2瓣
百里香	4根
红葡萄酒	750mL
虾汤※	500mL
蛤蜊汤※※	500mL
比目鱼汤※※※	500mL
番茄泥	600g
土豆	50g
盐、橄榄油	各适量

※炒虾头和虾壳，加刚没过食材的水，煮至入味后过滤汤汁。

※※加刚没过蛤蜊的水，煮至入味后过滤汤汁。

※※※加刚没过比目鱼的水，煮至入味后过滤汤汁。

黄油炸鱼子

鳕鱼子、盐、面粉、黄油、橄榄油	各适量

摆盘

柠檬皮、特级初榨橄榄油	各适量

做法

海鲜汤

1 | 将洋葱、胡萝卜、芹菜切片，与压扁的蒜和百里香一起放入橄榄油中翻炒。

2 | 倒入红葡萄酒，煮至液体减少1/2。

3 | 倒入虾汤、蛤蜊汤和比目鱼汤，加入番茄泥和去皮土豆后炖煮，用盐调味。

4 | 汤煮至浓稠后用打蛋器搅成糊。

黄油炸鱼子

1 | 鳕鱼子上撒盐，裹面粉。

2 | 锅中加入黄油和橄榄油，加热后放入鳕鱼子煎制。

摆盘

1 | 将海鲜汤倒入容器中，摆上黄油炸鱼子。

2 | 撒磨碎的柠檬皮，淋特级初榨橄榄油。

章鱼、乌贼

是突出嚼劲还是强调鲜味？或者二者并重？本节将介绍7款使用章鱼和乌贼的菜品。

腌章鱼和橄榄
Osteria O'Girasole

后味鲜美的下酒菜，是该店的招牌菜。重点在于章鱼汤汁、油、柠檬的平衡。因为调料能将章鱼腌到肉质柔软，所以煮制时的火候很重要。

材料（方便制作的量）

章鱼······················· 1条
黑橄榄·····················25个
蒜·························· 1瓣
欧芹、盐、胡椒粉、柠檬汁、特级初榨
橄榄油、野生芝麻菜··········各适量

做法

1 | 章鱼洗净，去除黏液，在盐水（材料外）中煮30~40分钟。

2 | 关火后静置10分钟左右，散热，然后将锅放入冰水中冷却。汤汁用来制作章鱼汤。

3 | 将汤汁移入保存容器中冷藏1晚。

4 | 将章鱼用剪刀剪成适口大小，与去核的黑橄榄、去皮的蒜、切碎的欧芹、盐、胡椒粉、柠檬汁、特级初榨橄榄油混合，腌制两三个小时。

5 | 去除蒜后装盘，撒野生芝麻菜。

章鱼汤
Osteria O'Girasole

用煮章鱼的汤汁做成的汤，来源于那不勒斯冬天的小吃摊。温暖的汤汁令人心情平静，柠檬的酸味很爽口。既可以作开胃菜，也可以作两道主菜间的小菜。

材料（方便制作的量）

煮章鱼的汤汁················120mL
柠檬、胡椒粉················各适量

做法

1 | 将煮章鱼的汤汁倒入小锅中加热，边尝味道边加汤（材料外）。

2 | 撒胡椒粉、挤几滴柠檬汁，稍加热。

3 | 倒入小杯子中上桌。

章鱼茴香橘子沙拉
Rio's Buongustaio

煮章鱼时火候是关键，要煮到柔软却保留些许弹性的程度。菜谱中的沙拉是冰镇过的，不过也可以趁热食用。加入了芹菜和茴香，是具有罗马风格的菜品。

材料（方便制作的量）

章鱼……………………………………… 1条

调味汁

| 茴香、橘子、盐、白葡萄酒醋、特级
| 初榨橄榄油…………………………各适量
青酱※、莳萝、野生芝麻菜 …… 各适量

※将蒜、野生芝麻菜、欧芹茎、莳萝、罗勒、特级初榨橄榄油用搅拌器搅拌，用白葡萄酒醋和盐调味。

做法

1 用擀面杖敲打章鱼，敲断纤维后放入盐水中，加入两三块软木（材料外），煮3～5分钟（意大利的传统，放入软木煮出的章鱼更柔软）。

2 将章鱼冷却到常温，切成3mm厚的片。

3 制作调味汁。茴香切小丁，橘子皮磨碎，果肉切小丁。将所有材料混合搅拌。

4 在盘中铺一层青酱，放入章鱼，淋调味汁，点缀莳萝和野生芝麻菜。

那不勒斯式煮枪乌贼
Osteria O'Girasole

那不勒斯的做法是把乌贼切成圆片，不过杉原大厨将乌贼切成了长方片，更好地突出柔软的口感。直接吃当然很美味，也可以放在炸面包上当成小零食。

材料（方便制作的量）

枪乌贼 ······························· 5~6只
水煮圣女果 ························· 500g
蒜 ···································· 1瓣
葡萄干（无籽）····················· 1把
松子 ································· 20g
欧芹、刺山柑花蕾（醋腌）、橄榄油、粗盐、野生芝麻菜 ···················· 各适量

做法

1 | 处理枪乌贼。用刀刮去触角上的吸盘，切下触角。将触角分成每组2根，切成方便食用的长度。

2 | 从枪乌贼身体中间下刀切开，从头部开始纵向分成3等份。横放后切成1.5cm宽的长方片。

3 | 将步骤1和步骤2的材料放入直筒锅中，加入水煮圣女果、切小丁的蒜、葡萄干、松子、欧芹、刺山柑花蕾，倒入橄榄油，加粗盐，大火煮沸后调成中小火，煮20~40分钟。关火后冷却。

4 | 装盘，点缀野生芝麻菜。

菠菜炖枪乌贼
Gigi

用菠菜和番茄炖煮北海道枪乌贼。虽然西田大厨说过"店里不提供海鱼制作的菜品"，不过他很喜欢这道朴素而美味的料理，所以一直保留在菜单中。

材料（1盘）

菠菜炖枪乌贼

枪乌贼	1大条
菠菜	2把
蒜	2瓣
干辣椒	1根
洋葱※	1/2个
欧芹	2根
去皮整番茄※※	90g
盐	适量
特级初榨橄榄油	60mL

※可以用韭葱代替。

※※将整个番茄去皮。

摆盘

托斯卡纳面包、蒜末、特级初榨橄榄油	各适量

做法

1 | 处理枪乌贼，将触角切成5cm长的段，身体和鳍切成5cm长、2cm宽的片（不去皮）。

2 | 用和煮意大利面时相同浓度的盐水焯菠菜，放在滤网中冷却。

3 | 锅中倒入特级初榨橄榄油，放入切末的蒜、去籽并切碎的干辣椒，小火翻炒。

4 | 蒜炒出香味后加入切碎的洋葱和欧芹，中火翻炒。

5 | 洋葱微微变色后倒入枪乌贼，翻炒几下后加入去皮整番茄和切成约5cm长的菠菜，盖上锅盖，小火炖煮。

6 | 枪乌贼变软后尝尝味道，加盐调味。

7 | 装盘，加入烤过的蒜末，搭配蘸过特级初榨橄榄油的托斯卡纳面包。

菊苣煎剑尖枪乌贼
Rio's Buongustaio

充分烤制的菊苣与半生乌贼的组合。煮乌贼的火候要让热蒜油包裹住乌贼。搭配青酱和意大利黑醋。

材料（1盘）

剑尖枪乌贼 ·························· 1条
菊苣··································· 1/2棵
蒜油、白葡萄酒、青酱[※]、意大利黑醋、
盐、特级初榨橄榄油 ··············· 各适量

※将蒜、野生芝麻菜、欧芹茎、莳萝、罗勒、特级初榨橄榄油放入搅拌机中搅拌，用白葡萄酒醋和盐调味。

做法

1 | 处理剑尖枪乌贼。身体切花刀，撒盐。切断每条触角后撒盐。

2 | 切开菊苣，用平底锅煎，倒入蒜油，立刻放入乌贼快速煎制。倒入白葡萄酒，让酒精挥发。

3 | 装盘，淋青酱、意大利黑醋和特级初榨橄榄油。

墨烧墨鱼
Quindi

灵感来源于安藤大厨在意大利吃到的烤整章鱼。
墨鱼风干后的风味和口感更佳，搭配墨鱼的墨汁
和油炸天然海蕴。

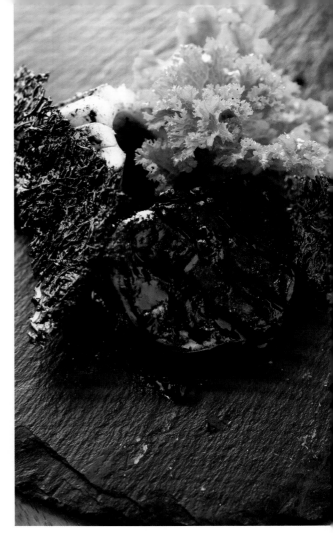

材料（方便制作的量）

墨鱼和墨汁酱

墨鱼 ·················	5条
蒜 ·················	1瓣
芹菜 ·················	1/2根
白葡萄酒 ·················	200mL
猪骨汤 ·················	80mL
牛至、黄油、盐、白胡椒粉、特级初	
榨橄榄油 ·················	各适量

炸海蕴

海蕴 ·················	100g
黄油、盐、油（橄榄油）········	各适量

摆盘

芥菜、洋梨醋、胡椒粉·········	各适量

做法

墨鱼和墨汁酱

1 | 处理墨鱼，将身体、肝脏、墨袋分开（触角用来
做其他菜品）。

2 | 用钩子挂起墨鱼身体，放在凉爽处风干2天。

3 | 制作墨汁酱。锅中倒入特级初榨橄榄油，加入压
扁的蒜翻炒变色后，加入切片的芹菜和盐翻炒。

4 | 水分减少后放入墨鱼肝脏翻炒，然后加入墨
袋，倒白葡萄酒煮沸，倒入猪骨汤和牛至，煮至
黏稠。

5 | 用搅拌机将步骤4的材料打成糊，用盐和白胡椒
粉调味。

6 | 平底锅中放入黄油加热，倒入墨汁酱搅拌。

7 | 墨鱼身体切花刀，放入墨汁酱中，充分裹上酱料。

炸海蕴

1 | 冲洗海蕴，撒少许盐后略切。纤维散开后放入
45℃预热的烤箱或食品干燥机中干燥。

2 | 配合墨鱼的大小将海蕴切成三角形，用140℃的
油炸。

摆盘

将墨鱼和墨汁酱装盘，点缀炸海蕴，添加用洋梨醋拌
好的芥菜，撒胡椒粉。

虾、蟹、贝类

充分利用食材的形态摆盘，能为菜品增光添彩。本节为大家介绍甲壳类和贝类食材的展现方法。

腌甜虾
Quindi

甜虾用油腌制后，撒上炒过的虾壳和虾头做成的肉松。虾肉黏稠的口感和浓郁的甜味与冰镇日本酒自然而然地契合。

材料（1盘）

甜虾·······························5只
蒜·······························1/2瓣
白兰地··························10mL
柠檬汁、意大利油醋汁、发酵意大利黑醋、龙蒿、盐、特级初榨橄榄油
······························各适量

做法

1 | 甜虾剥壳、去头和虾线，撒盐后包在吸水纸中，冷藏1天，蒸发水分。

2 | 将甜虾头和壳切开，放入倒有特级初榨橄榄油的平底锅中，和压扁的蒜一起翻炒。加盐和白兰地，用小火加热。

3 | 水分蒸发后用搅拌机搅拌至肉松状。

4 | 拍松甜虾肉，用盐、柠檬汁、特级初榨橄榄油腌制。

5 | 用意大利油醋汁将甜虾肉拌匀后装盘，淋发酵意大利黑醋，撒龙蒿和步骤3的材料，淋特级初榨橄榄油。

柠檬风味烤虾
Osteria O'Girasole

用柠檬皮和帕尔玛奶酪调味，那不勒斯沿岸的菜品，当地人在烤制时会铺上柠檬叶。用虾肉的余味下酒，喝过酒后又想吃虾，是一道让人"停不下筷子"的下酒菜。

材料（1盘）

虾（对虾）………………………………5只
柠檬皮……………………………………少许
帕尔玛奶酪碎、面包粉、柠檬汁、橄榄油、茴香叶……………………………各适量
柠檬………………………………………1/4个
盐…………………………………………适量

做法

1 | 虾去皮和虾线，保留虾头。

2 | 撒盐、磨碎的柠檬皮、帕尔玛奶酪碎、面包粉，挤柠檬汁、淋橄榄油。

3 | 在耐热容器中铺好茴香叶，摆上虾。

4 | 用烤箱上火将虾表面烤至焦黄，点缀切成月牙形的柠檬后上桌。

红酒腌牡丹虾配奶油蛋羹
Bricca

酸化熟成的红葡萄酒独特的甜味与甲壳类食材搭配很和谐。用红葡萄酒短时间腌制牡丹虾，搭配浓郁的奶油蛋羹。

材料（4盘）

牡丹虾 ……………………………………4只
盐、红葡萄酒 …………………………各适量

奶油蛋羹

| 蛋黄 ……………………………………2个
| 鸡蛋 ……………………………………2个
| 白葡萄酒醋、盐 ………………各适量
柠檬皮 ……………………………………适量

做法

1 | 牡丹虾去壳、头和虾线，撒盐后静置片刻。

2 | 将牡丹虾在红葡萄酒中浸泡30分钟左右。

3 | 制作奶油蛋羹。将所有材料倒进碗中混合，隔水加热，用打蛋器搅拌至黏稠。

4 | 将奶油蛋羹倒入盘子里，形成圆形，放上牡丹虾，撒磨碎的柠檬皮。

可可风味细叶芹根煎牡丹虾
Bricca

用虾汤煮过的牡丹虾、热气腾腾的细叶芹根、微苦的可可粉，3种食材散发出秋冬特有的稳重味道。

材料（1盘）

牡丹虾 ························· 2只
细叶芹根 ······················ 1个

虾汤

虾头（牡丹虾或红虾）、水 ····· 各适量
红葡萄酒、亚马孙可可粉、黄油、盐、
橄榄油 ······················ 各适量

做法

1 | 做虾汤。将虾头放入锅中，倒水没过食材，开火后一边压虾头一边熬煮。汤汁充分入味后关火，过滤。

2 | 将橄榄油倒入平底锅中，加热后放入切成两半的细叶芹根。煎至散发出香味，颜色变焦黄。

3 | 牡丹虾去壳、去虾线，撒盐后放入步骤2的锅中煎制。

4 | 倒入红葡萄酒和虾汤炖煮片刻，加黄油调味。

5 | 将牡丹虾和细叶芹根装盘，撒亚马孙可可粉。

香箱蟹布丁
Quindi

用日本海冬季的代表性味道香箱蟹做的意式"蟹面"。蟹汤充分炖煮后不再有腥味，点缀着绿豆蔻的香气，还有满满的蟹腿肉和蟹子、清汤做的肉冻。搭配白葡萄酒的话，建议选择醇厚的霞多丽酒。

材料（1盘）

香箱蟹 ·· 1只
洋葱 ·· 1/4个
芹菜、绿豆蔻、丁香 ·············· 各适量
蛋黄 ·· 1个
佛手柑、细香葱、盐、特级初榨橄榄油
·· 各适量

香箱蟹清汤冻

香箱蟹清汤 ····························· 50mL
明胶 ······· 0.9g（清汤重量的1.8%）

做法

1 | 将香箱蟹放入85℃预热、湿度100%的蒸箱中蒸15分钟。取出，去掉蟹脚后再蒸10分钟。

2 | 剥开香箱蟹，将蟹肉、蟹黄和蟹子分开。

3 | 将蟹壳放在锅中，加水没过食材，放入切成薄片的洋葱、芹菜、绿豆蔻、丁香和盐加热。

4 | 水沸后调小火，煮至汤汁变透明。取50mL做香箱蟹清汤冻。留下蟹壳当容器。

5 | 将剩余的汤汁煮到只剩80mL后过滤，冷却后加入蟹黄和蛋黄，混合搅拌，装进蟹壳中。

6 | 放入92℃预热的蒸箱中蒸15分钟，然后放进冷藏室冷却。

7 | 在蟹壳中放入蟹子、蟹肉和蟹腿肉。淋香箱蟹清汤冻（后述），撒佛手柑和细香葱，淋特级初榨橄榄油。

香箱蟹清汤冻

将香箱蟹清汤加热，加入明胶冷却、凝固。

全黑烤蛤蜊
falò

烤成全黑的蛤蜊视觉冲击力很强。在客人面前打开蛤蜊壳，搭配橄榄油上桌，充分利用了炭火的优势。

材料（1盘）

蛤蜊（大个）····························· 1个
蛋清、低筋面粉、特级初榨橄榄油
································ 各适量

做法

1 ｜ 将蛋清放入碗中，搅拌至不再黏稠。

2 ｜ 打开蛤蜊，不要掰断蛤蜊壳，裹上蛋清，在整个蛤蜊上撒低筋面粉。

3 ｜ 将蛤蜊放在炭火上，用喷枪将表面烤到全黑，内部的水分全部蒸发。

4 ｜ 在客人面前掰断蛤蜊壳的连接处，打开壳。在空壳中倒入特级初榨橄榄油，客人可根据喜好蘸取。

意式肉肠卷煎牡蛎和圆白菜烩饭
Osteria O'Girasole

杉原大厨的原创菜品，"以寿司为灵感"，用刚刚切下的意式肉肠包裹煎牡蛎，展现出优美的形状和奢侈的感觉。既可以作套餐的开胃菜，也经常有客人打包带走。

材料（1盘）

圆白菜烩饭

圆白菜	50g
蒜	1瓣
培根、粗盐、水、大米、佩科里诺奶酪、橄榄油	各适量

煎牡蛎

牡蛎	3个
面粉、橄榄油、盐	各适量
意式肉肠（切片）	3片
莳萝	适量

做法

圆白菜烩饭

1 圆白菜去心，切大块。

2 平底锅中倒入橄榄油，蒜切末后翻炒出香味，放入切成5mm见方的培根。

3 培根炒出香味后加入圆白菜和粗盐，盖上锅盖，小火炖1小时。

4 将步骤3的材料移入另一锅中，加水和大米煮5分钟，加入切块的佩科里诺奶酪，煮至大米变软。将锅直接放入冰块中迅速冷却。

煎牡蛎

1 牡蛎裹面粉，拍掉多余的面粉。

2 平底锅中倒入橄榄油，加热后煎牡蛎，撒盐。

摆盘

1 用意式肉肠卷起圆白菜烩饭和煎牡蛎。

2 用烤箱或微波炉加热几秒后装盘，用莳萝装饰。

煎牡蛎
Bricca

亮点是搭配牡蛎一起提供的圣护院萝卜片，宫崎县特产的平兵卫盐渍柑橘是一道味道温和的小吃。金田大厨表示"这是一道味道温和的现做腌菜"。

材料（1盘）

煎牡蛎

| 牡蛎 ……………………………………4个
| 面粉、黄油、特级初榨橄榄油、柠檬
| 汁、盐………………………………各适量

青酱

| A
| | 欧芹………………………………100根
| | 鳀鱼…………………………………8条
| | 刺山柑花蕾（醋腌）……………10g
| | 红葡萄酒醋 ……………………10mL
| | 煮鸡蛋的蛋黄 …………………1个
| 特级初榨橄榄油、面包粉、洋葱碎、
| 柠檬………………………………各适量

平兵卫盐渍柑橘腌萝卜

| 圣护院萝卜、平兵卫盐渍柑橘※
| ……………………………………各适量

※和盐渍柠檬做法相似，用宫崎县特产的盐渍柑橘片制作的酱料。

做法

煎牡蛎

1 | 牡蛎加盐后揉搓，洗净后撒盐和面粉。

2 | 平底锅中加入黄油和特级初榨橄榄油，加热后煎牡蛎，挤柠檬汁。

青酱

用料理机搅拌材料A，加入其他材料后再轻轻搅拌几下。

平兵卫盐渍柑橘腌萝卜

圣护院萝卜切片，加入平兵卫盐渍柑橘后揉搓。

摆盘

煎牡蛎装盘，搭配青酱和平兵卫盐渍柑橘腌萝卜。

牡蛎柿子拌诺尔恰生火腿

Quindi

牡蛎和生火腿、生火腿和水果都是很好的组合，这道菜同时使用了2种组合。柿子使用了生吃和果子露2种做法，能够享受到口感和温度的差异。夏天可以将柿子换成西西里蜜瓜。

材料（1盘）

柿子果子露

柿子 ………………………………	4个
细砂糖 ……………	约为柿子重量的5%
柠檬汁 ……………	约为柿子重量的2%
朗姆酒、迷迭香、肉桂 ………	各适量

摆盘

牡蛎 ………………………………	1个
柿子 ………………………………	1/2个
生火腿片 …………………………	2片
酸橙、茴香、香叶芹、盐（土佐岩盐）、特级初榨橄榄油 ………	各适量

做法

柿子果子露

1 │ 柿子连皮切成两半，去籽，撒细砂糖、迷迭香和肉桂，淋朗姆酒腌制半天。

2 │ 将柿子放入搅拌机中打成糊，加柠檬汁，冷冻。

3 │ 端上桌前用料理机打成果子露。

摆盘

1 │ 牡蛎去壳，用流水洗净肉和壳。

2 │ 在牡蛎肉上撒少许盐，用喷枪炙烤后分成5等份。

3 │ 剥掉柿子皮，切成0.7cm宽的条。

4 │ 将牡蛎肉和柿子交叠放在牡蛎壳中，挤酸橙汁。

5 │ 将生火腿片、柿子果子露、茴香装盘，撒香叶芹，淋特级初榨橄榄油。

肉类

内脏

肉类轻食

肉糜、香肠、肉丸

足量肉

内脏

从用各种方式做成的胃、肝等内脏菜
品中，能领略意式料理的精髓。

面包蜂巢胃沙拉
Gigi

面包沙拉不加面包，"沙拉中白色的蜂巢胃看起来就像面包"。这是西田大厨在佛罗伦萨圣安布罗焦市场的精选肉店尝到的，充满回忆的味道。

材料（方便制作的量）

蜂巢胃预处理

小牛蜂巢胃（第2个胃）·············	1个
白葡萄酒醋··························	少许
A	
洋葱····························	1个
胡萝卜··························	1根
芹菜····························	1根
罗勒····························	1枝
番茄····························	1个
盐······························	少许

摆盘

红洋葱····························	1/2个
芹菜······························	1/2根
胡萝卜····························	1/2根
西葫芦※··························	1/2根
圣女果····························	8个
欧芹······························	2根
柠檬汁···················	1个柠檬的量
盐、胡椒粉、特级初榨橄榄油	
··································	各适量

※西葫芦可以用黄瓜代替。

做法

蜂巢胃预处理

1 │ 蜂巢胃撒盐后充分揉搓，用水冲洗干净。

2 │ 锅中倒满水，放入蜂巢胃和白葡萄酒醋后煮沸，重复3次（每次煮完后都要洗净锅和蜂巢胃，去掉污渍和脂肪）。

3 │ 在干净的锅中放入蜂巢胃和水，加少许盐后开火，水沸后调小火，盖上盖子煮3小时左右。

4 │ 放入材料A，再煮一两个小时，煮至蜂巢胃变软。

5 │ 将煮好的蜂巢胃放在滤网中冷却，然后放进冷藏室。

6 │ 上桌前切成长3cm、宽5mm的细条。

摆盘

1 │ 将红洋葱和芹菜切成5mm见方的小丁，胡萝卜和西葫芦用削皮器刮成较厚的片，圣女果纵向切成4块，欧芹切小丁。

2 │ 将切好的蜂巢胃和步骤1的材料在碗中混合，加入柠檬汁、盐、胡椒粉、特级初榨橄榄油后拌匀。

温牛胃沙拉
gucite

巧妙利用泡菜和刺山柑花蕾的咸味和酸味制成酱汁，沙拉端上桌前隔水加热，口感极富魅力。

材料（方便制作的量）

牛胃

蜂巢胃（第2个胃）	1kg
水	适量
盐	约为水重量的2%

炖煮白扁豆

白扁豆	1kg
炖肉高汤	适量

泡菜

甜椒、菜花、芹菜 …………… 各适量

A

白葡萄酒醋	250mL
白葡萄酒	250mL
水	250mL
盐	1撮
白砂糖	50g
月桂叶	1片
白胡椒粒	5粒
丁香	3颗

摆盘

刺山柑花蕾（醋腌）、欧芹 ····· 各适量

做法

牛胃

1 | 锅中加满水，加盐后放入蜂巢胃焯水。

2 | 将蜂巢胃用盐水小火炖煮4小时左右。

炖煮白扁豆

1 | 将白扁豆浸泡1晚。

2 | 锅中倒满炖肉高汤，放入白扁豆，小火炖煮至豆子变软。

泡菜

1 | 甜椒切条，芹菜切块，菜花分成小朵，分别焯水。

2 | 将材料A放入锅中后煮沸，趁热腌制蔬菜，冷却。

摆盘

1 | 将炖煮白扁豆、泡菜、刺山柑花蕾和切碎的欧芹在碗中混合，隔水加热。

2 | 放入切成丝的牛胃，装盘。

罗马式烤牛胃荷包蛋
Rio's Buongustaio

渡部大厨在意大利进修时，曾经在员工餐中吃到了加入薄荷的罗马式炖煮牛胃，这道菜重现了当时的味道。"荷包蛋让菜品更加浓厚，正适合下酒。"

材料（方便制作的量）

番茄煮牛胃（方便制作的量）

蜂巢胃（第2个胃）··················	1.5kg
炖肉高汤 ·································	适量
番茄 ····································	300g
调味菜·································	200g

摆盘（1盘）

番茄煮牛胃 ·························	70～80g
番茄酱（见第198页）·········	35～40g
薄荷、黄油 ··························	各适量
鸡蛋 ···································	1个
佩科里诺奶酪碎、特级初榨橄榄油、 胡椒粉··································	各适量

做法

番茄煮牛胃

1 | 蜂巢胃在沸水中焯三四次，去腥。

2 | 在炖肉高汤中放入蜂巢胃，煮至变软。

3 | 取出蜂巢胃，切细丝。放回炖肉高汤中，加入烫过并压扁的番茄和调味菜，加盐炖煮三四个小时。

摆盘

1 | 将番茄煮牛胃和番茄酱放入小锅中，加薄荷后加热。

2 | 在耐热容器中化开黄油，放入步骤1的材料，在正中间压出凹槽，打入鸡蛋，撒佩科里诺奶酪碎，用烤箱加热四五分钟。

3 | 撒薄荷，淋特级初榨橄榄油，撒胡椒粉。

意式炖煮内脏
falò

"不想摆架子，希望客人能够像在小酒馆一样轻松享受美味"，所以坚村大厨在菜单上将牛肚包写成了"煮内脏"。和当地使用同样的食材，并加入牛蒡，加工成客人熟悉的味道。"非常适合搭配温酒。"

材料（方便制作的量）

皱胃（第4个胃）······················ 2kg
蜂巢胃（第2个胃）···················· 2kg
猪内脏（大肠、小肠等）·············· 2kg
调味菜 ······························ 1kg
白葡萄酒····························500mL
牛蒡································· 2kg
番茄泥······························· 40g
蒜末·······························100g
盐、橄榄油、青酱（见第198页）
··································· 各适量

做法

1 | 将内脏和水放入锅中加热，煮沸后取出内脏，切成方便食用的大小。

2 | 锅中加入内脏、调味菜和白葡萄酒后加热，酒精挥发后加入足量水。

3 | 炖煮1小时后加入切块的牛蒡和番茄泥，继续炖煮2小时。中途如果水量不足可以适当加水，煮至内脏变软。

4 | 平底锅中倒入橄榄油，加入蒜末翻炒出香味，放入步骤3的锅中，加盐调味。

5 | 装盘，淋青酱。

罗马式猪肉香肠配红洋葱酱
Rio's Buongustaio

猪腿肉和猪耳朵配上甜度适中的红洋葱酱，非常适合作下酒菜端上桌。

材料（方便制作的量）

猪肉香肠

猪腿肉	2条
猪耳朵	2个
猪肩里脊肉	300g
炖肉高汤、柠檬皮、盐、胡椒粉	各适量

红洋葱酱

红洋葱碎	2个的量
红葡萄酒	600mL
白砂糖	100g

摆盘

野生芝麻菜、青酱※、芥末粒…各适量

※将蒜、野生芝麻菜、欧芹茎、莳萝、罗勒、特级初榨橄榄油搅拌，加入白葡萄酒醋和盐调味。

做法

猪肉香肠

1 | 将猪腿肉和猪耳朵用喷枪炙烤，烧掉毛。

2 | 猪腿肉用炖肉高汤炖煮30分钟，加入猪耳朵再炖30分钟，加入猪肩里脊肉，继续炖煮1小时（从开始到关火共2小时），过滤。

3 | 将过滤后的汤汁倒入锅中，煮至黏稠，加盐调味。关火后加入磨碎的柠檬皮，撒胡椒粉。

4 | 去掉步骤2中的骨头，将肉切成适口大小，放入方形盒中，倒入步骤3的汤汁，在冷藏室中冷却凝固。

红洋葱酱

1 | 将红洋葱碎和500mL红葡萄酒倒入搅拌机搅拌。

2 | 锅中加入100mL红葡萄酒和白砂糖炖煮。

3 | 将步骤1的材料倒入锅中，煮成糊，放入加热杀菌后的瓶子中冷藏保存。

摆盘

盘子里铺一层野生芝麻菜，放上切薄片的猪肉香肠，搭配红洋葱酱，在猪肉香肠上放青酱和芥末粒。

小牛舌配红洋葱圣女果沙拉
Gigi

将意大利小牛的牛舌煮熟即可，制作简单，搭配圣女果酸酸甜甜的味道，口感十分特别。

材料（方便制作的量）

A

小牛舌	1条
洋葱	1个
胡萝卜	1根
芹菜	1根
盐	少许

红洋葱……………………………1/6个
圣女果……………………………4个
欧芹、盐、胡椒粉、红葡萄酒醋、特级
初榨橄榄油、野生芝麻菜………各适量

做法

1 | 将除小牛舌外的材料A放入锅中，倒水没过食材，小火煮沸后加入小牛舌，保持让水微微沸腾的火候，随时撇去浮沫，煮至铁扦可以轻松扎透牛舌。

2 | 牛舌趁热剥皮，放回汤汁中冷却。

3 | 将1/4冷却的牛舌（1盘）切成长方形（舌尖和舌中部要均等）。

4 | 在碗中放入牛舌、切2mm厚的红洋葱片、纵向切成4份的圣女果和切碎的欧芹，加盐、胡椒粉、红葡萄酒醋和特级初榨橄榄油调味。

5 | 在盘子中点缀野生芝麻菜，将沙拉装盘。

皮埃蒙特小牛舌杂烩沙拉
gucite

这是一道分量十足的牛舌杂烩开胃菜。用蛋黄酱代替常用的青酱,与沙拉和肉搭配效果很好,充满意大利皮埃蒙特的气息。

材料（方便制作的量）

小牛舌杂烩

小牛舌	1条
肉汤	适量
盐	肉汤重量的3%
白胡椒粒	适量

酱汁

蛋黄酱（见第199页）	200g
香葱	1个
欧芹	1根
芥末	10g
鳀鱼	5条
刺山柑花蕾（醋腌）	5g
柠檬汁	50mL

摆盘

沙拉菜（红杆水菜、芥末叶等）	适量

做法

小牛舌杂烩

肉汤中加盐和白胡椒粒,放入小牛舌后小火炖煮3小时。趁热剥皮,冷却。

酱汁

将除柠檬汁以外的材料全部放入料理机中搅拌,如太黏稠,可加柠檬汁稀释。

摆盘

将沙拉菜装盘,小牛舌杂烩切成厚片装盘,搭配酱汁,根据喜好撒胡椒粉。

红酒炖牛舌配布拉塔奶酪
Rio's Buongustaio

牛舌配布拉塔奶酪是威内托大区的传统料理。如果只有牛舌，会显得分量太重，加入布拉塔奶酪后就产生了适合作开胃菜的轻快感。

材料（方便制作的量）

牛舌	1条
盐	牛舌重量的1.5%
红葡萄酒	1500mL
调味菜	适量
番茄泥	1大勺
黄油、布拉塔奶酪、特级初榨橄榄油、胡椒粉、橄榄油	各适量

做法

1｜牛舌去皮，切成适口大小。撒盐后在冷藏室静置1天。

2｜平底锅中倒入橄榄油，放入牛舌煎制。

3｜将牛舌放入炖锅中，加红葡萄酒、调味菜和番茄泥，炖煮一两个小时。

4｜在耐热容器中涂黄油，放入牛舌后用200℃预热的烤箱加热四五分钟，取出后放上布拉塔奶酪，淋特级初榨橄榄油，撒胡椒粉。

肉类轻食

炖驴肉
IL PISTACCHIO da Saro

在西西里岛东部能吃到的驴肉料理。桧森大厨认为这道菜"瘦肉部分口感清爽，就像柔软的马肉。"适合搭配红葡萄酒，比如当地品种马斯卡斯奈莱洛。

材料（方便制作的量）

驴肩肉 ························· 1kg
胡萝卜 ························· 1根
洋葱 ··························· 1个
芹菜 ··························· 1根
欧芹、蒜、干辣椒、柠檬汁、盐、特级
初榨橄榄油 ···················各适量

做法

1 | 驴肩肉切块，用水冲洗后去掉肉筋。

2 | 在倒满水的锅中加入驴肩肉和切成适当大小的胡萝卜、洋葱、芹菜和盐炖煮。水沸后小火煮3小时左右。

3 | 驴肩肉变软后关火、冷却、拍松。

4 | 在碗中放入驴肩肉、切碎的欧芹、压扁的蒜、去籽并撕碎的干辣椒，与柠檬汁、特级初榨橄榄油混合搅拌，加盐调味。

**清新、爽口，
让人欲罢不能，
简单却回味无穷的肉料理。**

马肉排
Bricca

马肉排是该店很受欢迎的开胃菜。肉和酱料混合时，自制土豆片会首先吸收水分变软，可以好好享受口感的变化。

材料

马肉排

马腿肉	100g
盐	1g
橄榄油	适量

奶油蛋羹

蛋黄	2个
鸡蛋	2个
白葡萄酒醋、盐	各适量

调味汁

洋葱	1/4个
牛至	少许
白葡萄酒醋、芥末粒、盐	各适量

摆盘

土豆片、帕尔玛奶酪碎、欧芹碎、胡椒粉、特级初榨橄榄油 各适量

做法

马肉排

1 | 马腿肉切丝，加盐调味，团成球。

2 | 锅中倒入橄榄油，加热后放入马腿肉煎烤。

奶油蛋羹

将所有材料在碗中混合，隔水加热。用打蛋器搅拌至黏稠。

调味汁

洋葱切碎，与其他所有材料混合搅拌。

摆盘

1 | 将奶油蛋羹和调味汁倒入盘中。撒土豆片，放上马肉排。

2 | 撒帕尔玛奶酪碎、欧芹碎和胡椒粉，淋特级初榨橄榄油。建议将所有食材搅拌均匀后食用。

獾和斯卑尔托小麦沙拉
Bricca

用制作鹅肝酱獾肉糜（见第148页）时取出的剔骨肉炖煮出的一道菜。柔软的肉馅充满胶质，与劲道的斯卑尔托小麦搭配和谐。

材料（25cm×18cm×8cm的模具，1个）

獾骨（带肉）	1kg
盐	适量
蒜	2瓣
月桂叶	1片
斯卑尔托小麦	100g
泡菜	20g
洋葱	1/2个

红辣椒、煮鸡蛋、辣根、欧芹、胡椒粉
......各适量

做法

1 | 将獾骨、蒜、月桂叶、盐放入锅中，加水没过食材。小火炖煮至獾骨上的肉变软，取汤汁备用。

2 | 将獾肉从骨头上剔下。与用盐水煮过的斯卑尔托小麦、切碎的泡菜、切丁的洋葱和红辣椒混合，装入模具中。

3 | 倒入汤汁，冷却、凝固（就像柔软的果冻）。

4 | 将步骤3的材料切成适当大小后装盘，撒切碎的煮鸡蛋、磨碎的辣根和切碎的欧芹，撒胡椒粉。

炙烤野猪肉蔬菜沙拉
falò

野猪腿肉和肩肉略炙烤后做成的菜品，"灵感来源于涮猪肉"。搭配鸭儿芹和茼蒿等有特殊香味的蔬菜，这是坚村大厨坚持的味道。

材料（1盘）

野猪肉（腿肉、里脊、肩肉等切片）
·················· 6片左右

A

> 酸黄瓜 ····················· 160g
> 刺山柑花蕾（醋腌）················· 60g
> 泡菜 ························· 60g
> 鳀鱼 ························· 35g
> 盐 ························· 适量

香味菜沙拉※ ··············· 适量
胡椒粉、炭盐（见第198页）、特级初榨橄榄油、盐 ··············· 各适量

※使用茼蒿、鸭儿芹、水芹、芝麻菜、芥菜、山葵等应季蔬菜做成的沙拉。

做法

1 | 野猪肉片双面撒盐，放在淋过橄榄油的烤网上，用炭火短时间大火炙烤。

2 | 将材料A的所有食材切碎、混合。

3 | 将香味菜沙拉撕成适当大小后装盘，放上野猪肉片，撒步骤2的材料、胡椒粉、炭盐，淋特级初榨橄榄油。

烤火腿配金枪鱼酱
NATIVO

自制烤火腿搭配金枪鱼酱和蛋黄酱制成的酱料。
猪肉脂肪的浓郁口感和甜味适合搭配气泡酒或味
道高雅的红葡萄酒。

材料（方便制作的量）

烤火腿

火腿（带骨）	2kg
盐	18g
胡椒粉、特级初榨橄榄油	各适量

金枪鱼酱

金枪鱼	620g
蒜（大个）	1瓣
洋葱（大个）	1个
胡萝卜	1根
芹菜（大个）	3根
月桂叶	2片
鼠尾草	3~4片
鳀鱼	4片
刺山柑花蕾（盐醋腌）	30g
白葡萄酒、鸡汤、盐、胡椒粉、特级 初榨橄榄油	各适量

蛋黄酱

蛋黄	2个
油	200mL
红葡萄酒醋	10mL
盐	1撮

摆盘

泡菜（甜椒、芹菜、芜菁等）、胡椒 粉、特级初榨橄榄油	各适量

做法

烤火腿

1 | 火腿撒盐和胡椒粉，腌制5小时左右。

2 | 平底锅中倒入特级初榨橄榄油，加热后将火腿表 面煎至微微变色。

3 | 将火腿放入68℃预热的蒸箱中蒸3小时，肉片变 湿润。

金枪鱼酱

1 | 锅中倒入特级初榨橄榄油，放入压扁的蒜加热， 加入切片的洋葱、胡萝卜、芹菜、月桂叶和鼠尾 草，撒盐和胡椒粉翻炒，炒至蔬菜散发出甜味。

2 | 加入鳀鱼和除去盐分的刺山柑花蕾，倒入白葡萄 酒，酒精挥发后倒入鸡汤煮沸。

3 | 冷却后加入金枪鱼，用手动搅拌器搅拌成酱。

蛋黄酱

1 | 将蛋黄放入碗中，慢慢倒油，用手动搅拌器 搅拌。

2 | 乳化后加红葡萄酒醋，继续搅拌。

3 | 搅拌至黏稠后加盐拌匀。

摆盘

1 | 将金枪鱼酱和蛋黄酱按照2:1的比例混合后拌匀。

2 | 将切薄片的烤火腿叠成花瓣形状，把酱料倒在中 间，搭配泡菜，撒胡椒粉，淋特级初榨橄榄油。

烤牛肉
NATIVO

将牛肉薄片贴在盘子上简单烤制，是皮埃蒙特大区的人气料理，泷本大厨说："在当地就连孩子都能将一盘肉吃得干干净净。"据说按照意大利的传统，肉要贴在盘子的背面。

材料（1盘）

牛里脊肉……………………………… 200g
蒜 ……………………………………… 1瓣

香草油（方便制作的量，使用适量）

特级初榨橄榄油………………… 30mL
迷迭香 …………………………… 1枝
鼠尾草 …………………………… 1枝
百里香 …………………………… 1枝
蒜 ………………………………… 1瓣

沙拉（菊苣茎、茴香、比利时菊苣、菊苣叶等）、柠檬、胡椒粉………… 各适量

做法

1 │ 制作香草油。锅中倒入特级初榨橄榄油，加热后放入其他材料。

2 │ 将牛里脊肉切成薄片。

3 │ 在大盘子中放入切末的蒜，贴满牛肉片。

4 │ 将盘子放入300℃预热的烤箱中加热1分钟。

5 │ 在盘子中间盛沙拉，用切成月牙形的柠檬装饰，撒胡椒粉。在客人面前淋热气腾腾的香草油。

肉糜、香肠、肉丸

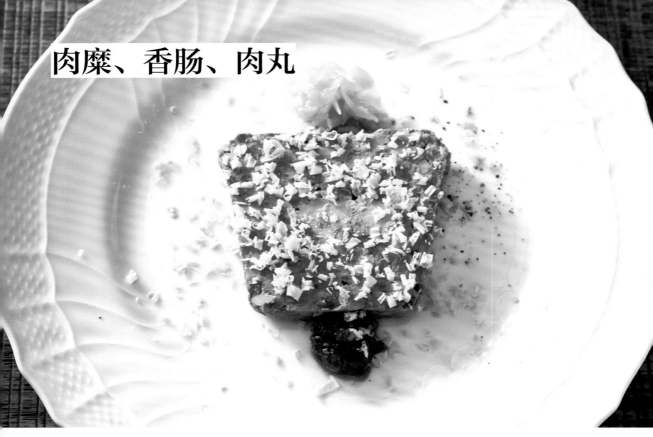

鹅肝酱獾肉糜
Bricca

可食用野生獾肉中加入浓郁鹅肝酱做成的料理，搭配不甜腻的红醋栗果酱和酸味柔和的泡菜。这道下酒菜是大人才能享受的味道。

材料（25cm见方的模具，1个）

鹅肝酱獾肉糜

獾小腿肉 ································	1kg
牛小腿肉 ································	500g
盐 ······································	15g
肉豆蔻 ································	适量
鸡蛋 ····································	2个
低筋面粉 ································	50g
白兰地 ································	适量
鹅肝 ····································	1个
盐 ························	鹅肝重量的1%
玛莎拉白葡萄酒 ···············	适量

泡菜※、红醋栗果酱※※、冷冻鹅肝※※※、
胡椒粉 ································ 各适量

※用盐腌刺山柑花蕾和自然酒沉淀物做酵母，店里自制的圆白菜泡菜。

※※用白砂糖、月桂叶、肉豆蔻、丁香、杜松子等清炒红醋栗做成的自制果酱。为了更好地搭配菜品，降低了甜度。

※※※易磨碎的冷冻鹅肝肉糜。

做法

鹅肝酱獾肉糜

1 | 将獾和牛小腿肉打成肉糜，加15g盐和肉豆蔻腌制1晚。

2 | 加入鸡蛋、低筋面粉和白兰地后搅拌均匀。

3 | 鹅肝去筋和血管，在方盘中铺开，撒鹅肝重量1%的盐，淋玛莎拉白葡萄酒，腌制1晚。

4 | 在模具中放入一半肉糜，放上鹅肝，再填入剩余肉糜。放入100℃预热的烤箱中，隔水烤到中间温度达到70℃。

5 | 取出后彻底冷却，压上重物后冷藏保存。

摆盘

1 | 将鹅肝酱獾肉糜切成1cm厚的片，装盘。

2 | 点缀泡菜和红醋栗果酱，撒磨碎的冷冻鹅肝，撒胡椒粉。

乡村鱼肉酱
Quindi

用新鲜鱼肉和冲绳黑猪肉做成、味道具有冲击力的肉酱。能充分发挥酒精的作用，最适合下酒，用威士忌代替白兰地同样美味。

材料（32cm见方的模具，1个）

鱼肉	1kg
猪瘦肉（前腿肉、肩肉等）	800g
猪脂肪	200g

蘸汁

水	1L
盐	40g
丁香	1个
月桂叶	2片
绿豆蔻、芫荽	各适量
干邑白兰地	200mL
红葡萄酒	200mL
面包粉	50g
牛奶	20mL
香葱	4根
孜然粉	8g
茴香子	8g
胡椒粉	8g

摆盘

芥末（见第199页）	
沙拉、意大利油醋汁	各适量

做法

1 | 将蘸汁材料全部放入锅中，煮沸后将锅放入冰块中冷却。

2 | 将鱼肉、猪瘦肉和猪脂肪切成适当大小，浸泡在蘸汁中，冷藏腌制1天。

3 | 取出鱼肉和猪脂肪，沥干水分后放在方盘上，均匀涂抹干邑白兰地和红葡萄酒，冷藏腌制1天。

4 | 取3/4的鱼肉和猪脂肪，放入搅拌机中搅碎，剩下1/4切成2cm见方的块。

5 | 面包粉放入牛奶中浸泡，与切碎的香葱、孜然粉和茴香子混合。

6 | 将步骤4和步骤5的材料混合后搅拌，静置片刻。放入保鲜袋中抽真空，压成形。

7 | 在200℃预热、湿度100%的蒸箱中蒸15分钟，将温度调低到85℃，再蒸1个小时。

8 | 冷却至常温（一段时间后表面会浮出水分，可以将这些水煮到浓稠，作为酱汁使用。）

口感顺滑的肉糜、劲道的腊肠，还有腌肉肠和肉丸，尽情享受浓缩的美味。

那不勒斯肉馅糕
Osteria O'Girasole

那不勒斯肉馅糕的特点是肉馅中加入了煮鸡蛋、意式腊肠和马苏里拉奶酪。经常作为主菜，也可以切成小块，搭配沙拉和炸土豆、焗土豆等，成为一道美味的开胃菜。

材料（直径4cm、长25cm，2块）

肉馅糕

牛肉馅	500g
猪肉馅	100g
天然酵母面包	100g
牛奶、欧芹、罗勒、帕尔马奶酪碎	
	各适量
鸡蛋	1个
煮鸡蛋	2个
意式腊肠	适量
马苏里拉奶酪	与腊肠分量相同
面包粉、迷迭香、盐、胡椒粉	
	各适量

摆盘

多菲内焗土豆、帕尔马奶酪碎、野生芝麻菜	各适量

做法

肉馅糕

1 | 将天然酵母面包撕碎，泡在牛奶中。

2 | 在盆的一边放牛肉馅和猪肉馅，另一边放沥干水分的面包。

3 | 肉馅上撒盐和胡椒粉，加入切小丁的欧芹和罗勒，放帕尔玛奶酪碎后搅拌，不要和面包混合。

4 | 在面包上打入鸡蛋，让面包充分吸收蛋液，注意不要和肉馅混合。

5 | 逐渐将肉馅和面包混合，搅拌均匀后铺在保鲜膜上，压成厚约1cm的长方形。

6 | 中间放上切成片的煮鸡蛋、腊肠和马苏里拉奶酪，用保鲜膜包裹，压成圆筒形。

7 | 在方形盘中撒面包粉，将步骤6的材料去掉保鲜膜，放入盘中，裹上面包粉。

8 | 将步骤7的材料放在耐热盘子上，撒迷迭香后用200℃预热的烤箱烤45分钟。取出后静置20分钟，冷却。

摆盘

1 | 将加热过的多菲内焗土豆装盘，上面放切成厚片的肉馅糕。

2 | 点缀野生芝麻菜，撒帕尔玛奶酪碎。

意式菜肉卷
NATIVO

用煮过的皱叶圆白菜包裹馅料后烤制而成，奶酪做成的酱料充满冬天的味道，用了味道比意大利果仁羊奶酪清爽些的拉舍拉奶酪。

材料（2盘）

皱叶圆白菜 ······························ 2片
帕尔玛奶酪碎、黄油 ················ 各适量

馅料

小牛肉馅 ····························· 75g
猪肉馅 ································· 75g
帕尔玛奶酪 ························· 10g
面包粉 ······························· 10g
肉豆蔻 ································· 少许
欧芹、盐、胡椒粉 ··············· 各适量

奶酪酱

奶酪（拉舍拉※） ··············· 80g
牛奶 ····································· 50mL
蛋黄 ······································· 1个
鲜奶油 ································· 50mL
特级初榨橄榄油 ······················· 5mL

※皮埃蒙特大区特产，半硬奶酪。

做法

菜肉卷

1 │ 皱叶圆白菜去心，逐片分开，用盐水煮5分钟后沥干水分。

2 │ 将所有做馅料的食材混合，搅拌至黏稠（帕尔玛奶酪磨碎，欧芹切碎）。

3 │ 用皱叶圆白菜包住馅料，撒帕尔玛奶酪碎，放黄油，淋特级初榨橄榄油。

4 │ 放入185℃预热的烤箱中烤15～20分钟，烤至表面的奶酪变色，散发出香味。

奶酪酱

1 │ 将牛奶、蛋黄、鲜奶油放在碗中，隔水加热。用手动打蛋器搅拌成奶油蛋羹状。

2 │ 加入奶酪，一边用刮刀搅拌一边缓慢加热。

摆盘

在盘中倒入奶酪酱，将菜肉卷装盘，淋特级初榨橄榄油。

自制腌肉肠
gucite

这道腌肉肠中香草和香料的味道非常温和，配上炖扁豆就是新年吃的菜品，平时则搭配泡菜，增加清爽的口感。

材料（方便制作的量）

腌肉肠

猪肩肉	1kg

腌泡汁

红葡萄酒、月桂叶、黑胡椒粒、丁香	各适量
猪皮	400g
肉汤	适量
盐	14g（肩肉和皮总量的1%）
白胡椒粉	1.4g（盐重量的10%）
人工肠膜	适量

奶酪酱

软奶酪	50g
牛奶	50mL
蒜	1瓣
蛋黄	1个

摆盘

泡菜	适量

做法

腌肉肠

1. 将腌泡汁的材料混合，静置两三天。

2. 过滤后加入切成块的猪肩肉，腌制一两晚。

3. 用肉汤炖煮猪皮。

4. 将猪肩肉、猪皮、盐和白胡椒粉混合后放进搅拌机，打成颗粒。

5. 将步骤4的材料塞进肠膜中，冷藏四五天入味。

6. 在肉汤中加盐，煮沸，放入肉肠煮40分钟~1小时。

奶酪酱

1. 将软奶酪、牛奶、蒜放入碗中，放在温度50℃左右的地方。

2. 软奶酪化开后取出蒜，上桌前加入蛋黄，搅拌黏稠。

摆盘

切开腌肉肠，装盘，搭配泡菜，淋奶酪酱。

烤柠檬叶包小牛肉丸
IL PISTACCHIO da Saro

用爱媛县产的无农药柠檬叶包裹肉丸，是一道充满西西里岛风味的菜品。柠檬的清香和特有的微苦味道融入牛肉中，形成复杂而香醇的风味。

材料（约20个）

小牛腿肉 …………………………………… 1kg
欧芹、蛋液、面包粉、牛奶、佩科里诺
奶酪碎、柠檬叶（无农药栽培）、盐、胡
椒粉 …………………………………… 各适量

做法

1 | 用搅拌机将小牛腿肉搅拌成颗粒。

2 | 在碗中加入小牛腿肉、盐、胡椒粉、切碎的欧芹、蛋液、面包粉、牛奶、佩科里诺奶酪碎，充分搅拌。

3 | 用手蘸水（材料外），将步骤2的材料揉成直径4cm、厚1cm的肉饼，用柠檬叶上下夹住，放在方形盘上。

4 | 放入200℃预热的烤箱中烤10分钟。

调味香肠
IL PISTACCHIO da Saro

菜谱是桧森大厨在西西里的肉店里学到的，馅料中可以加入蘑菇、开心果等。黏稠的奶酪和喷涌而出的肉汁很适合喝酒。

材料（13~14根）

猪腿肉（黑猪）	1kg
盐	20g
胡椒粉	2g
番茄	2个
欧芹	5g
葫芦奶酪	200g
整番茄罐头（去皮）	200g
肠膜（猪肠）	适量

做法

1 │ 将猪腿肉放入搅拌机搅成颗粒，撒盐和胡椒粉。

2 │ 番茄焯水后去子，切成1cm见方的块，放入滤网中，冷藏1晚，沥干水分。

3 │ 将猪腿肉和番茄放入碗中，加入切碎的欧芹、切成5mm见方的葫芦奶酪和过滤后的整番茄罐头，略搅匀。

4 │ 将步骤3的材料装入肠膜中，100g为1节，挂在冷藏室中风干1晚。

5 │ 切下需要的量，在放入特级初榨橄榄油的平底锅中煎烤至表面变色，然后移入200℃预热的烤箱中烤10分钟。

焗红牛肉土豆片
Quindi

熊本红牛肉连脂肪一起绞碎，搭配土豆一起焗成的菜品。牛肉越嚼越香，味道浓郁，适合搭配陈酿红葡萄酒。

材料（方便制作的量）

牛（熊本红牛）肉馅[※]······················ 1kg
洋葱·· 1个
芹菜·· 1根
蒜·· 1瓣
月桂叶、芫荽、迷迭香·············· 各适量
土豆·· 1个
马斯卡彭奶酪、盐、胡椒粉、特级初榨
橄榄油····································· 各适量

※产过仔的熊本红牛牛肉，连脂肪一起绞碎。

做法

1 | 平底锅中倒入特级初榨橄榄油，放入切碎的洋葱、芹菜和压扁的蒜，加盐翻炒。

2 | 用另一口平底锅将牛肉馅翻炒变色。

3 | 将步骤1和步骤2的材料混合，撒盐和胡椒粉，加入步骤2中化开的牛油，没过肉馅。

4 | 保持98℃炖煮2小时。关火后加入月桂叶、芫荽、迷迭香，冷藏发酵1天。

5 | 土豆切成3mm厚的片，贴在要端上桌的小锅上。马斯卡彭奶酪沥干水分后与牛肉馅交叠放置，撒奶酪碎。在200℃预热的烤箱中烤15分钟。

6 | 撒炸过的迷迭香和胡椒粉，淋特级初榨橄榄油。

牛肉香肠
Bricca

用劲道的牛小腿肉制成，最后加工时与煮豆子一起加热，美味至极。

材料（方便制作的量）

牛肉香肠

牛小腿肉	1.5kg
盐	15g
肠膜（猪肠）	适量

煮豆子

混合豆子※（煮熟）	500g
蒜	1瓣
迷迭香	2枝
洋葱末	120g
红葡萄酒	250mL
番茄泥	200g
盐、橄榄油	各适量
盐、特级初榨橄榄油	各适量

※北海道村上农园产。无农药栽培，手工干燥。使用
高级白扁豆和花豆。

做法

牛肉香肠

1｜将牛小腿肉搅拌成颗粒，撒盐腌制1晚。

2｜将牛小腿肉塞进肠膜中，冷藏、干燥1晚。

煮豆子

1｜将混合豆子在水中浸泡1晚，泡涨后煮软。

2｜在锅里倒入橄榄油，翻炒压扁的蒜和迷迭香，炒
出香味后加入洋葱末，倒入红葡萄酒炖煮。

3｜加入混合豆子和番茄泥，用盐调味。

摆盘

将豆子装入小锅中，放入牛肉香肠后加热。香肠热透
后装盘，撒胡椒粉，淋特级初榨橄榄油。

足量肉

为喜欢吃肉的人提供
能填饱肚子的6款下酒菜。

蒸珍珠鸡鸡胸肉
Quindi

用酒糟腌制的珍珠鸡肉质柔软，分量十足却口感清爽，既能作开胃菜也能作主菜。顺带提一下，图中的盘子是安藤主厨的父亲、陶艺家安藤釉三烧制的，这是父子合作完成的一道菜品。

材料（10盘）

蒸珍珠鸡鸡胸肉

珍珠鸡鸡胸肉 ·························· 10片

腌泡汁

水 ···································· 适量

盐 ······················ 鸡胸肉重量的4%

芹菜 ································· 1根

细砂糖 ················· 鸡胸肉重量的5%

迷迭香 ······························ 2枝

酒糟※ ······························ 50mL

※酿酒后留下的葡萄渣。

菊芋糊

菊芋 ······························· 1kg

陈酿香醋 ·························· 50mL

黄油 ······························ 100g

特级初榨橄榄油、盐 ··········· 各适量

菊芋片

菊芋、盐、油（橄榄油）········ 各适量

酱料

松子 ······························ 100g

鳀鱼 ······························· 2条

葡萄干 ···························· 100g

陈酿香醋 ·························· 50mL

特级初榨橄榄油 ··················· 适量

摆盘

菊苣、盐、柠檬汁、特级初榨橄榄油
······································· 各适量

做法

蒸珍珠鸡鸡胸肉

1 | 将酒糟之外的腌泡汁材料倒入锅中（芹菜切成适当大小），加热至迷迭香散发出香味后关火，冷却。加入酒糟，在冷藏室中发酵2天。

2 | 加入鸡胸肉，浸泡1天。

3 | 擦干鸡胸肉的水分，搓成条后用保鲜膜包好，抽真空。

4 | 保持60℃，隔水加热1.5～2小时。

菊芋糊

1 | 菊芋带皮切小块，锅中倒入特级初榨橄榄油，翻炒菊芋，加盐调味。

2 | 加水到菊芋高度的1/4处，煮沸后放入140℃预热的烤箱中烤40分钟。

3 | 取出后将菊芋压扁，放入锅中，加入陈酿香醋和黄油后加热、搅拌。

菊芋片

将菊芋切成1.5mm厚的片，放入140℃的油中炸，撒盐。

酱料

1 | 松子放入平底锅中翻炒几下。

2 | 加入鳀鱼、葡萄干、陈酿香醋，用特级初榨橄榄油乳化。

摆盘

1 | 蒸珍珠鸡鸡胸肉去皮，放入平底锅中烤脆表面，去油。

2 | 将菊芋糊、切成1.5cm厚的鸡胸肉和鸡皮装盘。

3 | 菊苣用盐、柠檬汁和特级初榨橄榄油调味。

4 | 摆好菊芋片，淋酱料。

炖野猪肉
Quindi

将野猪五花肉发酵2周，腌制后裹上面粉，烤过表面后炖煮。鹰嘴豆糊与外酥里嫩的野猪肉完美融合。

材料（方便制作的量）

炖猪肉

野猪五花肉（带骨）	1块
洋葱	2个
芹菜	1根
蒜	2瓣
白葡萄酒	300mL
盐	肉重量的1.2%
丁香	1个
月桂叶	每块猪肉1片
芫荽子	每块猪肉3粒
高筋面粉、白葡萄酒醋、白胡椒粉、盐、特级初榨橄榄油	各适量

鹰嘴豆糊

鹰嘴豆	1kg
珍珠鸡肉汤	适量
黄油	100g

摆盘

绿叶菜	适量

做法

1. 用布包裹野猪五花肉，在冷藏室中发酵10～14天，去除水分。

2. 锅中倒入特级初榨橄榄油，加入切片的洋葱、芹菜、压扁的蒜后翻炒，炒到水分全部蒸发为止。

3. 加入白葡萄酒、盐、丁香，腌制1天。

4. 将步骤1中的五花肉切块，每块都带一根骨头，在平底锅中均匀煎制表面。

5. 将步骤3和步骤4的材料、月桂叶、芫荽子装进保鲜袋中抽真空（每块装一袋）。在95℃预热、湿度100%的蒸箱中蒸2小时，冷却至常温。

6. 取出五花肉，裹上高筋面粉、放进倒入特级初榨橄榄油的平底锅中煎制。

7. 将步骤5的袋子中残留的液体倒入锅中，加白葡萄酒醋和白胡椒粉，煮至黏稠，作为猪肉酱料。

鹰嘴豆糊

1. 鹰嘴豆在盐水（材料外）中浸泡1天。

2. 用珍珠鸡肉汤（省略解说）煮鹰嘴豆，煮到豆子变软。

3. 用搅拌机打成糊。放入锅中，一边加热，一边分几次加入黄油，搅拌至乳化。

摆盘

1. 将加热后的鹰嘴豆糊和猪肉酱料倒入盘中，放上整块带骨猪肉。

2. 用盐水煮过的绿叶菜装饰。

烤伊比利亚排骨
Rio's Buongustaio

蜂蜜味的烤猪排骨。除了作开胃菜，增加分量后还可以作主菜。无论是开胃菜还是主菜，好吃的关键在于趁热提供，要保持"烫手的温度"。

材料（1盘）

猪（伊比利亚猪）排骨 ⋯⋯⋯⋯⋯⋯ 200g

A

蒜、茴香叶、迷迭香、蜂蜜、橄榄
油、盐、胡椒粉 ⋯⋯⋯⋯⋯⋯ 各适量
橄榄油、野生芝麻菜、圣女果、胡椒粉
⋯⋯⋯⋯⋯⋯⋯⋯⋯⋯⋯⋯⋯ 各适量

做法

1 │ 将猪排骨切开，每块都带肋骨。撒材料A（蒜切碎）后冷藏腌制1晚。

2 │ 平底锅中倒入橄榄油，加热后放入排骨煎制表面，然后放入200℃预热的烤箱中烤10分钟。

3 │ 野生芝麻菜和圣女果装盘，放入排骨，撒胡椒粉。

脆皮烤肉块
falò

500g的脆皮烤肉块是该店的招牌菜，为了能在烤好后立刻端上桌，厨师会询问"有没有要点脆皮烤肉块的客人?"，凑齐两三组后一起烤好。

材料（2盘）

猪五花肉（带皮）·······················500g
盐·············· 6.5g（猪肉重量的1.3%）
蒜末·····································6g
特制香料※·····························适量
土豆·····································2个
欧芹、特级初榨橄榄油··············各适量

※各种香料混合制成的秘制香料。

做法

1 | 猪五花肉内侧切花刀，充分抹盐。

2 | 在肉内侧抹蒜末和特制香料，向内卷好后用橡皮筋绑好。

3 | 将肉卷和用铝箔纸包好的土豆放入180℃预热的烤箱中慢慢加热，将温度降到160℃，烤到肉内部温度达到65℃为止。

4 | 将肉卷和土豆（掀开铝箔纸）一起放在炭火上直接烤至表面散发出香味。

5 | 将肉切成1.5cm厚的片，放在木盘上，土豆一分为二，撒切成适当大小的欧芹，淋特级初榨橄榄油。

诺尔恰风味脆皮烤肉块
Rio's Buongustaio

诺尔恰是翁布里亚大区著名的加工肉产地。这道脆皮烤肉块是渡边大厨口中"罗马的代表性速食"，茴香的香味和泡菜辣椒的酸味会在口中留下淡淡的余味。可以冷却到常温后端上桌，也可以夹在面包里做成帕尼尼，食用方法多样。

材料（方便制作的量）

脆皮烤肉块（每盘100g）

猪五花肉（带皮）※	2kg
盐	20g（猪肉重量的1.9%～2%）
蒜	3瓣
茴香末、迷迭香	各适量

※使用西班牙或丹麦猪肉。

泡菜辣椒

甜椒（红色、黄色）……各1个
蒜油、橄榄、刺山柑花蕾（醋腌）、
白葡萄酒醋、盐 ……各适量

摆盘

特级初榨橄榄油、意大利香醋
………各适量

做法

脆皮烤肉块

1 | 在猪五花肉上抹盐，内侧涂茴香末、迷迭香、切末的蒜，冷藏发酵1天。

2 | 切下100g肉，放入200℃预热的烤箱中，将皮烤至焦黄。

泡菜辣椒

1 | 将切成两半的甜椒放入200℃预热的烤箱中烤10分钟，翻面后再烤10分钟。取出后立刻放入碗中，盖上保鲜膜冷却。去皮，切成1cm宽的条。

2 | 平底锅中倒入蒜油，加热后放入切成适当大小的橄榄和刺山柑花蕾，炒出香味后加入甜椒煎制，用白葡萄酒醋和盐调味。

摆盘

将脆皮烤肉块装盘，搭配泡菜辣椒，淋特级初榨橄榄油和意大利香醋。

炭烤斑嘴鸭配皱叶菠菜
falò

分量十足，同样可以作主菜，不过坚村大厨说"可以作为开胃菜提供"。这是可以供两三位客人分享的下酒菜。

材料（2盘）

斑嘴鸭 ························· 1只
皱叶菠菜 ······················ 1把
鳀鱼酱（见第198页）、混合坚果※、炭
盐（见第198页）、胡椒粉、特级初榨橄
榄油 ························· 各适量

※烤开心果、杏仁、松果碎。

做法

1 | 清理斑嘴鸭，连骨头分成两半，掏出内脏（心脏、肝脏、沙肝）后穿在铁扦上。

2 | 将鸭肉和内脏撒盐后用炭火烤。

3 | 用蒸锅蒸皱叶菠菜。

4 | 将步骤2和步骤3的材料放在木板上，放鳀鱼酱、混合坚果、炭盐、胡椒粉，淋特级初榨橄榄油。

自制加工肉

用不同的食材展现在意大利有着悠久历史的加工肉文化。
猪肉、盐和发酵时间三者合一，共同打造出令人回味无穷的美食，
欢迎来到"香肠"的世界。

加工肉的基础知识

加工肉原本与料理分属不同的领域，专门负责制作加工肉的职业历史悠久。因此，制作加工肉与制作普通的菜品不同，需要注意的地方也有所区别。

下文总结了厨师在餐厅中制作加工肉时需要了解的知识。

加工肉的种类
加工肉大致可分为非加热和加热两种。

- 非加热

  意大利干火腿、库拉泰罗、拉多、萨拉米等。

- 加热

  意式肉肠、熟火腿、猪头肉肠等。

非加热的加工肉最大的特点是可以长期保存，不过也因此需要以年为单位的时间来盐渍、干燥、发酵。在干燥和发酵的过程中，湿度和温度管理同样重要。初学者最好从加热加工肉开始做起。非加热加工肉中，拉多的做法相对简单。

卫生管理
制作加工肉时最重要的就是卫生管理。由于需要长期发酵的食材很多，希望大家制作时能够细心。

- 使用新鲜的肉

  如果肉质不够新鲜，味道自然会变差，黏着力也会变弱。佐竹大厨曾经说过："找到值得信赖的食用肉供应商非常重要。"佐竹尝试过大量日本产猪肉，最后选择了肥瘦均衡的九州三元猪。

- 贯彻执行温度管理工作

  机器使用前，要用热水杀菌，工作中保持低温。佐竹大厨认为制作中的标准是"肉的温度不能超过8℃"。制作非加热加工肉时，要在4℃、湿度不超过50%的环境下干燥，在10～12℃、湿度52%的环境下发酵（预制冷柜中装有除湿、加湿器）。

- 真空保存

  做好后的食物要在真空中冷藏保存，这是基础。使用过程中，切下需要使用的部分后要立刻将肉真空处理，防止食物腐败。库拉泰罗等非加热加工肉在发酵后为了提高甜度和风味，要保存在常温中，这种情况下，真空包装机能够发挥作用。

食品添加剂
为了保证质量稳定，厨师一般都会使用食品添加剂。由于其中含有烈性药，所以必须严格遵守法律规定的使用量。下面为大家介绍本书中使用的食品添加剂和作用，以及制作完成时的残留量限制。

- 亚硝酸钠

  显色作用（也有让口味保持稳定以及抑制细菌繁殖的作用）。
  1kg中不超过0.070g（亚硝酸根离子的最大残留量）。

- 硝石（硝酸钾）

  显色作用。
  1kg中不超过0.070g（亚硝酸根离子的最大残留量）。

- 次氯酸钠

  漂白作用、保质作用。
  1kg中不超过0.03g（二氧化硫的最大残留量）。

- 多聚磷酸钠

  黏着作用。

- 抗坏血酸钠

  抗氧化作用。

关于供应
日本餐饮店供应自制加工肉不需要特殊的资格证，不过销售时需要食用肉制品制造业的营业许可和食品卫生管理者资格证。

原创风味
学会基础的意式肉肠制法后，可以试着挑战原创风味。左边的照片是佐竹先生原创的几种新品意式肉肠和长期发酵生火腿。
①梅干鳀鱼
②盐渍柠檬风味绿海苔鸡肉
③阿拉伯风味羊肉
④干香菇炸鸡
⑤可可味猪肝
⑥焖鸡肝、鸡心
⑦抹茶、葡萄干、松果牛肝
⑧蒜蓉猪耳朵
⑨生姜樱花虾牛跟腱
⑩肉店风格牛跟腱、牛脸肉肠
⑪猪血、猪心肠
⑫米兰风味牛肉萨拉米
⑬生火腿辣味萨拉米
⑭牛大腿肉生火腿
⑮猪五花肉生火腿
⑯猪大腿肉生火腿

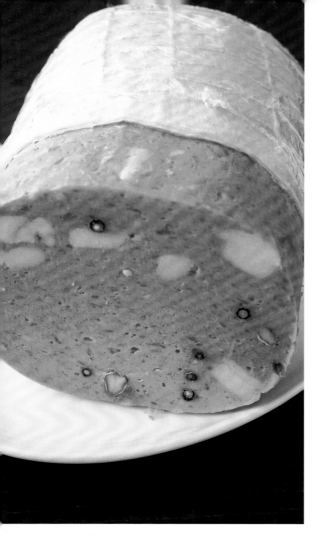

意式博洛尼亚大红肠
IL COTECHINO

艾米利亚-罗马涅大区博洛尼亚特产大红肠，是经过加热处理的代表性萨拉米。佐竹大厨使用了猪脸肉和前腿肉，还加入了里脊，做出柔软的口感，用开心果、胡椒粒的口感和色泽作为点缀。在意大利，会将大红肠切片，包裹蔬菜沙拉和奶酪后油炸，做成"炸火腿"。

材料（直径13cm、长30～40cm，3根）

猪脸肉	4kg
猪前腿肉	3kg
猪里脊肉	2.5kg
冰	500g
猪颈背肉（或猪头肉）	500g

A

盐	130g（肉重量的1.3%）
细砂糖	65g（肉重量的0.65%）
黑胡椒粒	25g
亚硝酸钠	1g
多聚磷酸钠	20g
抗坏血酸钠	10g
开心果	200g

做法

1 | 将猪脸肉、猪前腿肉、猪里脊肉装进搅拌机，用开孔直径小于3mm的叶片搅碎。

2 | 将肉放入料理机，加冰后搅成糊。注意食材温度不得超过8℃。

3 | 将猪颈背肉切成1cm见方的块。

4 | 将所有肉和材料A放入搅拌机中混合搅拌，最后加入开心果简单拌匀（食材温度同样不得超过8℃）。

5 | 将步骤4的材料分成3等份。

6 | 分别放在保鲜膜上，包裹、密封后捏成直径13cm左右的圆筒。用针在保鲜膜上扎几个眼，压出空气，避免火腿上出现孔洞（使用真空包装机抽真空，效果更好）。

7 | 将肉卷放在网子上※，放进70℃预热、调成肉类模式的蒸箱中，加热到食材中心达到65℃以上。

8 | 取出后立刻挂在冷藏室中，发酵1周左右，上桌前切成想要的厚度。

※使用制作叉烧的网子。准备大圆筒，事先放在网子上。将捏成圆筒形的肉塞进筒中，塞紧后只抽走圆筒，就能迅速将肉固定在网子上。佐竹大厨使用了底部直径为15cm左右的塑料盆，切去底面后使用。

黑色猪脸肉肠
IL COTECHINO

正如名字中的"黑色"所示，这是一道用墨鱼墨汁染色的黑色肉肠，是佐竹大厨的原创菜品。墨鱼墨汁增加了浓稠度，同时黑色还在摆盘时让食材显得更加紧凑。

材料（直径13cm、长30～40cm，6根）

猪肉肠坯

猪脸肉	4kg
猪前腿肉	3kg
猪里脊肉	3kg

A

墨鱼墨汁	200g
盐	130g（肉重量的1.3%）
细砂糖	65g（肉重量的0.65%）
亚硝酸钠	1g
多聚磷酸钠	20g
抗坏血酸钠	10g
冰	500g

黏合材料

猪脸肉	12kg
盐	156g（肉重量的1.3%）
细砂糖	78g（肉重量的0.65%）
亚硝酸钠	1.2g
多聚磷酸钠	22g
蒜碎	120g
肉豆蔻粉	40g
白胡椒粒	30g

做法

猪肉肠坯

1 | 将猪脸肉、猪前腿肉、猪里脊肉装进搅拌机，用开孔直径小于3mm的叶片搅碎。

2 | 将肉放入料理机，加冰后搅成糊。注意食材温度不得超过8℃。

3 | 将肉和材料A混合搅拌（食材温度同样不得超过8℃）。

黏合材料

将猪脸肉切成3cm见方的块，与其他材料混合，冷藏发酵1晚。

成形与摆盘

1 | 将猪肉肠坯和黏合材料全部放进搅拌机搅拌。

2 | 将步骤1的材料分成6等份。

3 | 分别放在保鲜膜上，包裹、密封，捏成直径13cm左右的圆筒。用针在保鲜膜上扎几个眼，压出空气，避免火腿上出现孔洞（使用真空包装机抽真空效果更好）。

4 | 将肉卷放在网子上，放进70℃预热、调成肉类模式的蒸箱中，加热到食材中心达到65℃以上。

5 | 取出后立刻挂在冷藏室中，发酵1周左右，上桌前切成想要的厚度。

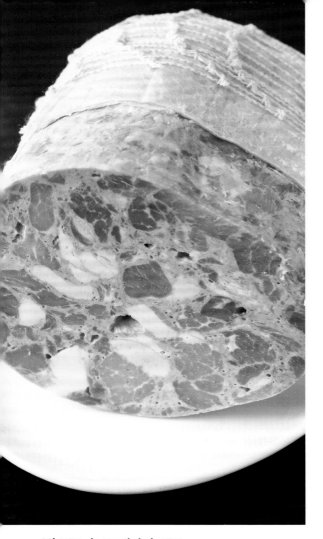

猪腿肉压制火腿
IL COTECHINO

以意式肉肠的坯子为基底，加入切成丁的猪腿肉。为了做出均匀、有弹性的口感，必须彻底排出食材中的空气，所以使用真空包装机效果最好。

材料（直径13cm、长30～40cm，7根）

压制火腿坯

猪脸肉	4kg
猪前腿肉	3kg
猪里脊肉	3kg

A

盐	130g（肉重量的1.3%）
细砂糖	65g（肉重量的0.65%）
亚硝酸钠	1g
多聚磷酸钠	20g
抗坏血酸钠	10g
冰	500g

黏合材料

猪腿肉	14kg
盐	182g（肉重量的1.3%）
细砂糖	91g（肉重量的0.65%）
亚硝酸钠	1.4g
多聚磷酸钠	24g
蒜碎	60g
白胡椒粒	30g

做法

压制火腿坯

1 | 将猪脸肉、猪前腿肉、猪里脊肉装进搅拌机中，用开孔直径小于3mm的叶片搅碎。

2 | 将肉放入料理机，加冰后搅成糊。要注意食材温度不得超过8℃。

3 | 将肉和材料A放入搅拌机中彻底混合搅拌（食材温度同样不得超过8℃）。

黏合材料

将猪腿肉切成2cm见方的小块，与其他材料混合，冷藏发酵1晚。

成形与摆盘

1 | 将压制火腿坯和黏合材料全部放进搅拌机搅拌。

2 | 将步骤1的材料分成7等份。

3 | 分别放在保鲜膜上，包裹、密封，捏成直径13cm左右的圆筒。用针在保鲜膜上扎几个眼，压出空气，避免火腿上出现孔洞（使用真空包装机抽真空效果更好）。

4 | 将肉卷放在网子上，放进70℃预热、调成肉类模式的蒸箱中，加热到食材中心达到65℃以上。

5 | 取出后立刻挂在冷藏室中，发酵1周左右，上桌前切成想要的厚度。

帕尔玛奶酪香肠
IL COTECHINO

猪肉和鸡肉混合后加热制成的香肠。鸡软骨的口感就像"丸子"，大量使用的帕尔玛奶酪的油脂增加了浓郁顺滑的口感。

材料（直径13cm、长30～40cm，3根）

猪脸肉	5kg
鸡胸肉	4kg
鸡软骨	1kg

A

盐	130g（肉重量的1.3%）
细砂糖	65g（肉重量的0.65%）
白胡椒粉	30g
肉豆蔻粉	20g
蒜碎	50g
亚硝酸钠	1g
多聚磷酸钠	20g
抗坏血酸钠	10g
帕尔玛奶酪碎	1kg

做法

1 | 将猪脸肉和鸡胸肉切成2cm见方的小块，与鸡软骨一起装进搅拌机中，用开孔直径为8mm的叶片搅成大粒。

2 | 将步骤1的材料、材料A和帕尔玛奶酪碎放入料理机，拌匀（食材温度不得超过8℃，尽量不要用手接触食材，快速操作）。

3 | 将步骤2的材料分成3等份。

4 | 分别放在保鲜膜上，包裹、密封，捏成直径13cm左右的圆筒。用针在保鲜膜上扎几个眼，压出空气，避免火腿上出现孔洞（使用真空包装机抽真空效果更好）。

5 | 将肉卷放在网子上，放进70℃预热、调成肉类模式的蒸箱中，加热到食材中心达到65℃以上。

6 | 取出后立刻挂在冷藏室中，发酵1周左右，上桌前切成想要的厚度。

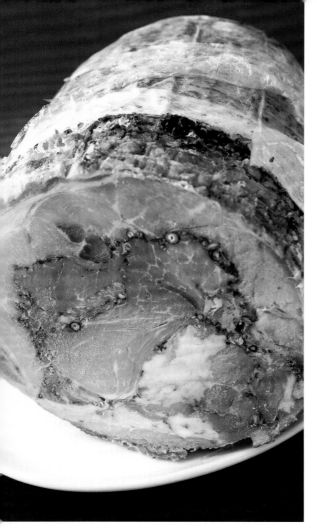

材料（直径15cm、长30~40cm，1根）

猪前腿肉·······················1条（约7kg）
盐 ·····················77g（肉重量的1.1%）
硝石·································· 0.5g
茴香子································ 30g

A
　黑胡椒粒 ······················· 30g
　蒜·································1头
　迷迭香························· 15g
　鼠尾草························· 10g
　芹菜 ··························· 50g
　薄荷 ··························· 10g
　干辣椒························· 4根
白葡萄酒·······················适量

做法

1 | 猪前腿肉去骨，摊成平整的长方形。

2 | 肉内侧向上，切花刀，容易入味。

3 | 将材料A中的香料和香草切小丁。

4 | 将盐、硝石、茴香子和材料A均匀地撒在肉上，卷成卷。

5 | 用保鲜膜密封后捏成圆筒，冷藏发酵1晚。

6 | 去除保鲜膜。

7 | 将肉卷放在烤盘上，淋白葡萄酒。放进115℃预热的烤箱中，加热到食材中心达到60℃。在冷藏室中冷却。

8 | 上桌前切成想要的厚度，用烤箱加热。

猪肉肠
IL COTECHINO

原意是烤全猪，这里主要是指将猪肉切开，塞入香草后烤制的菜品。佐竹大厨使用了富含纤维和脂肪的前腿肉，味道比较爽口。切成厚片烧烤后食用，同样美味。

猪头肉肠
IL COTECHINO

加入猪舌、猪耳朵、猪皮做成的肉肠,重点是柠檬皮和胡椒粉散发出的清爽香味。胶质劲道,口感富有魅力,不过保质期不长,需要真空保存或尽快食用。

材料(直径13cm、长30~40cm,3根)

猪脸肉	4kg
猪舌	2kg

A

盐	150g(肉重量的2.5%)
细砂糖	75g(肉重量的1.25%)
亚硝酸钠	1g

猪耳朵	2kg
猪皮	2kg
醋	200mL

B

黑胡椒粒	40g
柠檬皮	4个
芹菜	100g
迷迭香	15g
鼠尾草	10g
薄荷	10g
干辣椒	20g
蒜	1/2头

做法

1 | 在猪脸肉、猪舌中加材料A混合,在冷藏室中腌制3天。

2 | 将猪耳朵和猪皮放入醋水中焯水,用冷水冲洗,再用清水煮软,取出后放进冷藏室冷却。汤汁备用。

3 | 用清水将步骤1的材料洗净,放入步骤2的汤汁中煮软,取出后散热,放进冷藏室中冷却。汤汁备用。

4 | 将汤汁煮到麦芽糖的黏稠度。

5 | 所有肉切成2cm见方的小块,放在方形盘上,用保鲜膜密封,放入100℃预热的蒸箱中蒸。

6 | 将材料B中的香料和香草切丁。

7 | 准备较大的容器,将温热状态的步骤4~步骤6中的材料混合。咸味不够时加盐(材料外)。

8 | 放在保鲜膜上,压出空气后包裹、密封,捏成直径13cm左右的圆筒(用针在保鲜膜上扎几个眼,压出空气后再盖一层保鲜膜密封,避免蒸时爆开)。

9 | 将肉卷放在网子上,放进100℃预热的蒸箱中,加热到食材中心达到85℃以上。

10 | 取出后立刻挂在冷藏室中,发酵1周左右,上桌前切成想要的厚度。

猪皮香料肠
IL COTECHINO

用辣椒面增加辣味，用甜椒增加香味和红色。材料以猪皮为主，口感富有弹性。适合搭配啤酒和起泡酒。

材料（直径10cm、长30～40cm，4根）

猪皮 ························· 6kg
猪脸肉 ························· 4kg

A

| 盐 ············· 150g（肉重量的1.5%）
| 细砂糖 ········ 75g（肉重量的0.75%）
| 辣椒面 ························· 60g
| 甜椒粉 ························· 160g
| 黑胡椒粒 ························· 60g
| 茴香子 ························· 80g
| 蒜碎 ························· 100g
| 亚硝酸钠 ························· 1g

做法

1 | 将猪皮切成10cm见方的片。

2 | 在直筒锅中放入猪皮，倒水没过食材，小火加热。当竹扦可以轻松扎透猪皮时关火，取出猪皮，冷藏1晚。

3 | 将猪皮和猪脸肉切成约3cm见方的块，放入搅拌机，用开孔直径不超过6mm的叶片搅拌。

4 | 将步骤3的材料和材料A放入碗中拌匀。

5 | 分成4等份。

6 | 分别放在保鲜膜上，包裹、密封，捏成直径10cm左右的圆筒。用针在保鲜膜上扎几个眼，压出空气，避免火腿上出现孔洞（使用真空包装机抽真空效果更好）。

7 | 将肉卷放在网子上，放进70℃预热、调成肉类模式的蒸箱中，加热到食材中心达到65℃以上。

8 | 取出后立刻挂在冷藏室中，发酵1周左右，上桌前切成想要的厚度。

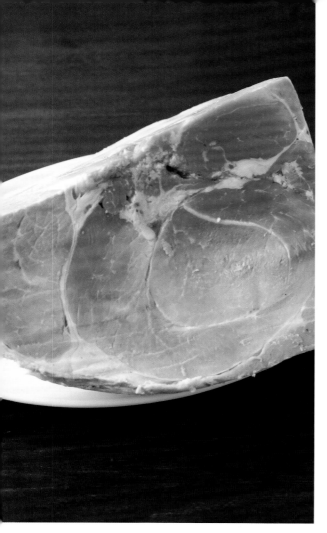

材料（方便制作的量）

猪腿肉块·································· 8kg

A

| 盐·················· 80g（肉重量的1%） |
| 细砂糖·········· 40g（肉重量的0.5%） |
| 白胡椒粉 ····························· 10g |
| 亚硝酸钠 ···························· 0.8g |

做法

1 | 清理猪腿肉块，去掉内侧软骨。

2 | 将材料A搅拌均匀，涂在肉内侧中心。

3 | 在耐热容器（佐竹大厨使用了荷兰炖锅）的底面和侧面铺几层保鲜膜，放入肉，上面用保鲜膜包好（锅要选择能将肉压紧的尺寸）。

4 | 盖上盖子，压上重物后在冷藏室中发酵1周。

5 | 将耐热容器放进70℃预热、调成肉类模式的蒸箱中，加热到食材中心达到50℃以上。

6 | 在冷藏室中发酵1周。

7 | 将火腿从容器中取出，切成想要的厚度。

熟火腿
IL COTECHINO

用去骨猪腿肉低温制作而成，又叫"无骨火腿"。成形时加盐调味，发酵后加热。加热时的窍门是准备与肉同样尺寸或稍小一些的容器，将食材压紧后均匀加热。

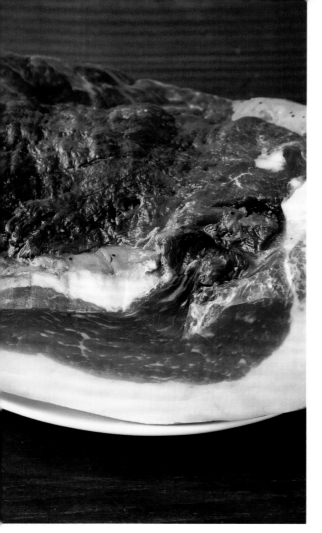

熏火腿
IL COTECHINO

特伦蒂诺-上阿迪杰大区周边制作的生火腿。特点是将去骨猪肉熏出香味后发酵制成，可以切片后直接生吃，也可以简单炙烤后加入菜品中，作为调味料使用。

材料（方便制作的量）

猪腿肉（不成形的块）

························· 9kg（加工后6.5kg）

A

| 盐··············182g（肉重量的2.8%） |
| 细砂糖·········91g（肉重量的1.4%） |
| 黑胡椒粒 ····································· 40g |
| 蒜丁 ··· 1头的量 |
| 亚硝酸钠 ·· 1g |

做法

1 | 将猪腿肉全部铺平。将腿内侧肉切成与旁边的臀肉相同的厚度，切成近似立方体的形状。加工后，9kg的猪腿肉变成6.5kg左右。

2 | 将材料A混合，涂在肉块上，放入容器中，在低于4℃的冷藏室中腌制14天左右。

3 | 腌制完成后用水清洗肉块，浸泡入冰水中，放入冷藏室中静置1晚，去盐分。

4 | 取出肉块，用水洗净黏液。在肉中穿风筝线（用铁丝或缝衣针），在温度低于3℃、湿度低于50%、有冷风的冷藏室中悬挂1个月左右。

5 | 将肉放在温度10℃、湿度低于60%的储藏室中发酵2个月左右，放入烟熏机中将表面熏制成焦黄色。

6 | 将肉再次放回储藏室中，发酵3～5个月（要选择不通风的地点）。

7 | 将肉放入袋子中抽真空，在常温或冷藏室中保存。上桌前切成想要的厚度。

材料（方便制作的量）

后臀尖 ·· 2kg

A

| 盐·············56g（肉重量的2.8%）
| 细砂糖·········28g（肉重量的1.4%）
| 黑胡椒粒 ································· 15g
| 蒜丁 ······························· 1/2头的量
| 亚硝酸钠 ································· 0.3g

肠膜

| 牛盲肠·································· 500g
| 盐····································· 500g
| 碳酸氢钠 ································ 25g
| 次氯酸钠 ······························· 1.3g
| 醋····································适量

做法

1 | 将后臀尖捏成椭圆形，取菜谱中所需重量。

2 | 将材料A混合后涂在后臀尖上，放进容器中，在低于4℃的冷藏室中腌制7天左右。

3 | 腌制完成后用水清洗后臀尖，浸泡在冰水中，在冷藏室中静置1晚，去盐分。

4 | 用水洗净黏液，将肉放在网子上，在冷藏室中静置1晚，去除水分。

5 | 将肉塞进肠膜（见第183页）中，挂在网子上（操作时要注意肠膜上不能有破洞）。

6 | 用麻绳捆住肉肠，在温度低于3℃、湿度低于50%、有冷风的冷藏室中悬挂1个月左右。

7 | 放在温度10℃、湿度低于60%的储藏室中发酵三四个月左右，在温度低于5℃、湿度高于80%的储藏室中再发酵3个月。

8 | 上桌前去掉肠膜，切掉边缘部分后切成想要的厚度。

精肉干火腿
IL COTECHINO

精肉干火腿和库拉塔都是盐渍猪腿肉干燥后的干火腿（生火腿）。精肉干火腿使用了与大腿内侧有一些距离的后臀尖肉，库拉塔则使用了大腿内侧和外侧的肉。其他干火腿中还有使用大腿内侧和臀肉等柔软部位的库拉泰罗。

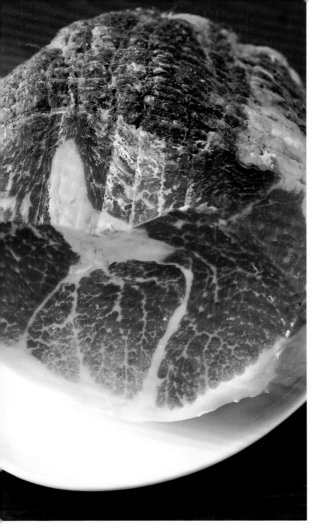

库拉塔
IL COTECHINO

材料（方便制作的量）

猪腿肉块⋯⋯⋯⋯⋯9kg（加工后4.5kg）

A

| 盐⋯⋯⋯⋯⋯126g（肉重量的2.8%）
| 细砂糖⋯⋯⋯63g（肉重量的1.4%）
| 黑胡椒粒 ⋯⋯⋯⋯⋯⋯⋯⋯⋯ 30g
| 蒜丁 ⋯⋯⋯⋯⋯⋯⋯⋯⋯⋯ 1头的量
| 亚硝酸钠 ⋯⋯⋯⋯⋯⋯⋯⋯⋯ 0.7g

做法

1 | 从猪腿肉块上切下后臀尖（不使用），注意不要伤到腿内侧和外侧的肉，大腿肉要整体使用，注意不能切断。

2 | 去掉大腿骨后出现的空洞，所以要切掉周围3~4cm的肉。

3 | 用纱网包裹3层。

4 | 将材料A混合后涂在猪腿肉上，放进容器中，在低于4℃的冷藏室中腌制10天左右。

5 | 腌制完成后用水清洗，将肉浸泡在冰水中，在冷藏室中静置1晚，去盐分。

6 | 取出后用水洗净黏液，放在网子上，在冷藏室中静置1晚，去除水分。

7 | 用麻绳捆住肉肠，在温度低于3℃、湿度低于50%、有冷风的冷藏室中悬挂1个月左右。

8 | 将肉肠放在温度10℃、湿度低于60%的储藏室中发酵6~8个月，放进袋子中抽真空保存。上桌前切掉边缘部分，切成想要的厚度。

材料（方便制作的量）

猪肩里脊肉（不去脂肪）
·················· 4.5kg（其中脂肪占1kg）

A

| 迷迭香 ·································· 2根
| 鼠尾草 ·································· 4片
| 月桂叶 ·································· 4片
| 黑胡椒粒 ································ 5g
| 白胡椒粒 ································ 5g
| 蒜 ······································ 3瓣
| 干辣椒 ·································· 4根
盐 ·············22g（脂肪重量的2.2%）
亚硝酸钠································ 0.15g

做法

1 | 从猪肩里脊肉上切下脂肪（不成形的肥厚脂肪最佳）。

2 | 将盐和亚硝酸钠混合后涂在脂肪上，放在网子上，在通风的冷藏室中静置两三天。水分蒸发后仔细擦掉盐和亚硝酸钠。

3 | 将脂肪和材料A（香草微干燥后使用）放入袋子中抽真空，在冷藏室中发酵1个月左右。

4 | 取出后去掉香草，切成想要的厚度。

拉多
IL COTECHINO

用盐腌制猪颈背肉的脂肪，制成拉多。佐竹大厨用肩里脊肉上的脂肪，用盐腌制，水分蒸发后加入迷迭香和蒜增加香味，腌制1个月左右入味。

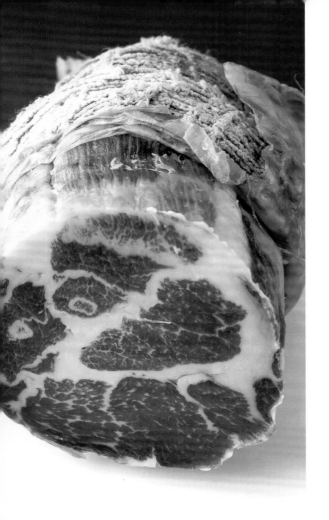

猪颈肉香肠
IL COTECHINO

用脖子和周围的肉做成的生火腿。佐竹大厨使用了筋和脂肪比例正好的肩里脊肉，不仅有嚼劲，同时还能享受到柔软的口感。

材料（方便制作的量）

猪肩里脊肉（加工后）···················· 3kg

A

| 盐················84g（肉重量的2.8%）
| 细砂糖········42g（肉重量的1.4%）
| 黑胡椒粒·····21g（肉重量的0.7%）
| 蒜丁·····························1/2头的量
| 亚硝酸钠·························0.3g

肠膜

| 牛盲肠····························500g
| 盐·······························500g
| 碳酸氢钠··························25g
| 次氯酸钠··························1.3g
| 醋······························适量

做法

1 | 从猪肩里脊肉上切下脂肪，展开肉表面，取菜谱中标出的重量。

2 | 将材料A的食材混合后涂在猪肩里脊肉上，放进容器，在低于4℃的冷藏室中腌制10天左右。

3 | 腌制完成后用水清洗，将肉浸泡在冰水中，在冷藏室中静置1晚，去盐分。

4 | 取出后用水洗净黏液，放在网子上，在冷藏室中静置1晚，去除水分。

5 | 用肠膜包裹肉（后述），用网包住（操作中要注意肠膜不能有破洞）。

6 | 用麻绳捆住，在温度低于3℃、湿度低于50%、有冷风的冷藏室中悬挂2个月左右。

7 | 将肉放在温度10℃、湿度低于60%的储藏室中发酵三四个月，然后在温度低于5℃，湿度80%以上的储藏室中发酵3个月左右。

8 | 上桌前切掉边缘部分，切成想要的厚度。

肠膜

1 | 去掉牛盲肠表面的脂肪，正反面都用氧化漂白剂（材料外）洗净，用热水涮。用盐、碳酸氢钠、次氯酸钠腌制，在冷藏室中密封3个月左右，杀菌。

2 | 使用前将添加剂冲洗干净，用醋腌制。

茴香猪肉腊肠
IL COTECHINO

托斯卡纳大区的特产,用茴香子提味的大火腿。与茴芹相似的甜香和胡椒粉的刺激产生了独特的风味。

材料(直径10cm、长30~40cm,3根)

猪腿肉(加工后)··························	3kg
猪肩里脊肉(加工后)··················	4kg
猪头肉(加工后)······················	2kg
猪颈背脂肪(加工后)··················	1kg
蒜·····································	1头
白葡萄酒······························	160mL

A

茴香子·······························	80g
盐·············250g(肉重量的2.5%)	
细砂糖······125g(肉重量的1.25%)	
黑胡椒粒·····························	60g
亚硝酸钠·····························	1g

肠膜

牛盲肠·······························	1.5kg
盐··································	1.5kg
碳酸氢钠·····························	75g
次氯酸钠·····························	3.8g
醋··································	适量

做法

1 | 猪腿肉、猪肩里脊肉、猪头肉和猪颈背脂肪切掉表面,去血丝后取菜谱标出的量。

2 | 所有肉切成3cm见方的块,与蒜一起在搅拌机中打成大粒(使用开孔直径12mm的叶片)。

3 | 将步骤2的材料、白葡萄酒和材料A放入搅拌机搅拌(食材温度不得超过8℃,尽量不要用手接触食材,快速操作)。

4 | 将步骤3的材料塞进香肠机中,肠膜(见第183页)带脂肪的一面朝上,放入喷嘴中。

5 | 用风筝线绑住肠膜一端,挤出30~40cm后再绑一圈。如果有空气进入,则要用针扎破肠膜,挤出空气。

6 | 覆盖双层网,用风筝线绑好,挤出空气,调整为直径10cm左右的圆筒。

7 | 烧一锅开水,将肉肠烫20秒左右,放在温度低于3℃、湿度低于50%、有冷风的冷藏室中悬挂2个月左右,干燥。

8 | 将肉肠放在温度低于5℃、湿度80%以上的储藏室中发酵6个月左右。

9 | 上桌前解开风筝线,去掉肠膜,切成想要的厚度。

萨拉米肉肠
IL COTECHINO

在大肉肠中加入背部脂肪块，佐竹大厨的原创菜品。特点是在非加热加工肉中融入加热加工肉，创造出前所未有的口感。

材料（直径10cm、长30～40cm，3根）

猪腿肉（加工后）················	6kg
猪肩里脊肉（加工后）············	3kg
猪颈背脂肪（加工后）············	1kg
蒜 ····························	1/2头
白葡萄酒 ······················	160mL

A

盐············250g（肉重量的2.5%）
细砂糖······125g（肉重量的1.25%）
黑胡椒··························	40g
亚硝酸钠 ······················	1g

肠膜

牛盲肠··························	1.5kg
盐 ····························	1.5kg
碳酸氢钠 ······················	75g
次氯酸钠 ······················	3.8g
醋 ····························	适量

做法

1 | 猪腿肉、猪肩里脊肉、猪颈背脂肪切掉表面，去血丝后取菜谱标出的分量。

2 | 将所有肉切成3cm见方的块，与蒜一起在搅拌机中打成小粒。颈背脂肪切成1cm见方的块。

3 | 将步骤2的材料、白葡萄酒和材料A用搅拌机搅拌（食材温度不得超过8℃，尽量不要用手接触食材，快速操作）。

4 | 将步骤3的材料塞进香肠机中，肠膜（见第183页）带脂肪的一面朝上，放入喷嘴中。

5 | 用风筝线绑住肠膜一端，挤出30～40cm后再绑一圈。如果有空气进入，则要用针扎破肠膜，挤出空气。

6 | 覆盖双层网，用风筝线绑好，挤出空气，调整形状。

7 | 烧一锅开水，将肉肠烫20秒左右，放在温度低于3℃、湿度低于50%、有冷风直吹的冷藏室中悬挂2个月左右，干燥。

8 | 将肉肠放在温度10℃、湿度低于60%的储藏室中发酵2个月左右，然后放在温度低于5℃、湿度80%以上的储藏室中发酵4个月左右。

9 | 上桌前解开风筝线，去掉肠膜，切成想要的厚度。

小萨拉米
IL COTECHINO

如字面意思所示，是"小个萨拉米"。主要材料是猪腿肉、猪肩里脊肉以及猪颈背脂肪，可以加入炒菜中，或者加在意大利面酱中，使用范围很广。

材料（直径4cm、长30~40cm，30根）

猪腿肉（加工后）·················· 4kg
猪肩里脊肉（加工后）·············· 4.5kg
猪颈背脂肪（加工后）·············· 1.5kg
蒜 ····························· 1头
白葡萄酒························ 160mL

A
┌ 盐 ···········250g（肉重量的2.5%）
│ 细砂糖·······120g（肉重量的1.2%）
│ 黑胡椒 ·························· 40g
└ 亚硝酸钠 ························· 1g

肠膜
┌ 猪盲肠 ·························· 5kg
│ 盐 ····························· 5kg
│ 碳酸氢钠 ······················ 250g
│ 次氯酸钠 ····················· 12.5g
└ 醋 ·························· 适量

做法

1 | 将猪腿肉、猪肩里脊肉、猪颈背脂肪切掉表面，去血丝后取菜谱标出的分量。

2 | 所有肉切成3cm见方的块，与蒜一起放入搅拌机中打成小粒（叶片开孔直径为10mm）。

3 | 将步骤2的材料、白葡萄酒和材料A用搅拌机搅拌（食材温度不得超过8℃，尽量不要用手接触食材，快速操作）。

4 | 将步骤3的材料塞进香肠机中，肠膜（后述）带脂肪的一面朝上，放入喷嘴中。

5 | 用风筝线绑住肠膜一端，挤出30~40cm后再绑一圈。如果有空气进入，则要用针扎破肠膜，挤出空气。

6 | 覆盖双层网，用风筝线绑好，挤出空气，塑形。

7 | 烧一锅开水，将肉肠烫20秒左右，挂在温度低于3℃、湿度低于50%、有冷风直吹的冷藏室中。

8 | 干燥、发酵两三个月后完成。在干燥过度前抽真空，保存在冷藏室中。

肠膜

1 | 去掉猪盲肠表面的脂肪，正反面都用氧化漂白剂（材料外）洗净，用热水涮。用盐、碳酸氢钠、次氯酸钠腌制，在冷藏室中密封1个月左右，杀菌。

2 | 使用前将添加剂冲洗干净，用醋腌制。

辣味小萨拉米
IL COTECHINO

加入辣椒面和甜椒粉后制成的辣味萨拉米。用猪盲肠做肠膜，直径3cm左右。干燥时间比大萨拉米短，推荐初学者尝试。

材料（直径4cm、长30～40cm，30根）

猪腿肉（加工后）··························	4kg
猪肩里脊肉（加工后）·····················	5kg
猪颈背脂肪（加工后）·····················	1kg
蒜·····································	2头
红葡萄酒·······························	160mL

A

盐··········260g（肉重量的2.6%）	
细砂糖·······130g（肉重量的1.3%）	
黑胡椒粒·····························	60g
辣椒面·······························	80g
甜椒粉·······························	140g
茴香子·······························	100g
亚硝酸钠·····························	1g

肠膜

猪盲肠·······························	5kg
盐···································	5kg
碳酸氢钠·····························	250g
次氯酸钠·····························	12.5g
醋···································	适量

做法

1 | 猪腿肉、猪肩里脊肉、猪颈背脂肪切掉表面，去血丝后取菜谱标出的量。

2 | 所有肉切成3cm见方的块，与蒜一起放入搅拌机中打成小粒（叶片开孔直径为10mm）。

3 | 将步骤2的材料、红葡萄酒和材料A用搅拌机搅拌（食材温度不得超过8℃，尽量不要用手接触食材，快速操作）。

4 | 将步骤3的材料塞进香肠机中，肠膜（见第186页）带脂肪的一面朝上，放入喷嘴中。

5 | 用风筝线绑住肠膜一端，挤出30～40cm后再绑一圈。如果有空气进入，则要用针扎破肠膜，挤出空气。

6 | 覆盖双层网，用风筝线绑好，挤出空气，塑形。

7 | 烧一锅开水，将肉肠烫20秒左右，挂在温度低于3℃、湿度低于50%、有冷风直吹的冷藏室中。

8 | 干燥并发酵两三个月后完成。在干燥过度前抽真空，保存在冷藏室中。

餐厅与主厨介绍

杉原一祯

地址

兵库县芦屋市宫冢町15-6

电话|网址

0797-35-0847|http://www.o-girasole.com

营业时间|休息日

餐厅11：30~13：30（最后下单时间）、18：00~20：30（最后下单时间）

酒吧11：00~23：00|周一休息

展现那不勒斯料理的两面：丰盛和朴实

这家餐厅以那不勒斯料理为主题，在日本广泛传播当地的饮食文化。店里分2个区域，在休闲的"酒吧区"客人可以任意挑选菜单上由主厨精心选出的那不勒斯传统料理，里面的餐厅则提供原创度高的套餐，聚集了众多"丰盛"的菜品。在这本书中则介绍了酒吧区菜单中的各色下酒菜。

店主兼主厨杉原一祯说："只要有明确的理念，以及足以体现食物理念的分量，所有菜品都可以成为开胃菜。"在这家店里，人们熟悉的主菜"肉丸"和"帕尔玛奶酪"都可以作为开胃菜的食材。

"就算是肉丸这样分量十足的肉类菜品，只要在烹饪过程中去掉脂肪，就可以成为清淡的菜品，作为下酒小菜享用。"

"炙烤明石马鲛""蜂巢胃和猪脚沙拉""炸鳗鱼舞茸""炸章鱼子配摩洛哥扁豆沙拉""茴香炸兔肉"，这是店里某一天的菜单，都是下酒菜。

菜品要想搭配葡萄酒，重要的一点就是做出"汤汁的感觉"。虽说如此，杉原的方法并不是一味用肉汤和浓汤来提鲜，而是"加热食材中所含的水分，与盐和脂肪充分融合，带出鲜味"。如果使用茄子，那么最理想的状态就是将茄子的鲜味完整保留在食材中，没有任何流失，"这种入口即化的感觉令人回味无穷，是最下酒的味道"。

酒吧设有畅饮时间（11：00~19：00），6种店铺甄选的低度葡萄酒全部以500日元的价格出售。有很多客人喝到兴头上，会选择开一整瓶酒。杉原说："因为我自己就喜欢喝酒，所以在搭配菜品和葡萄酒时，总是会考虑爱喝酒人的心情。"最近，酒吧区也有越来越多的客人冲着菜品本身而来，所以店里打算进行改装，让客人能在酒吧区更放松地喝酒。

杉原一祯

1974年出生于兵库县。在"佩佩餐厅"（兵库县、门户厄神）工作后赴意大利学习。在那不勒斯的餐厅和糕点店学习4年半之后，于2002年独立开店。2014年餐厅搬到现在的地址。

入口旁有展示柜，由于来吃饭的客人增加，计划改成桌椅区。图左侧是有20张桌子的用餐区，白天提供2800日元起的套餐，晚上提供8500日元起的套餐。

酒吧区准备了约30种菜品（500~4200日元）。很多客人会一边用餐一边喝酒。

酒店甄选的葡萄酒每杯500日元。另外，产自以坎帕尼亚大区为中心的南意大利的葡萄酒每杯1200日元左右，整瓶酒5000~6000日元。店里还有100种自制葡萄酒可供选择。

坚村仁尊

坚村仁尊
1974年出生于东京。在东京西麻布"acqua pazza"工作后，赴意大利学习。回国后曾在"citabria"等店工作，后来成为"mangiar pesce"的主厨。在东京、广尾的"acqua pazza"工作后，于2016年担任现在店铺的主厨。

地址

东京都涉谷区代官山町14-10 LUZ代官山 地下1层

电话|网址

03-6455-0206|http://www.falo-daikannyama.com

营业时间|休息日

周一~周六17：00~23：00（最后下单时间）、周日、节假日：15：00~21：00（最后下单时间）
周四休息

店铺中间放着烧烤台，周围是一圈有30个座位的吧台，没有其他桌子和包间。从任何座位都能看到主厨的身影。

炭火烤出"成熟的休闲味道"

2016年5月，"falò"作为"monte"的姐妹店在东京代官山开业。店名在意大利语中是"篝火"的意思，摆在店铺正中央的烧烤台时而腾起冲天的火焰，时而冒出温柔的火苗，用它做出的炭火烧烤是店里最大的卖点。鱼、肉料理自不必说，将整个茄子或白菜直接放在灼热的炭上烤出的蔬菜，以及用炭火缓缓加热铜锅炖煮的料理也应有尽有，充分展现出了炭火的魅力。

除了葡萄酒和啤酒外，餐厅还准备了日本酒和温酒。因为需要温酒，所以用到了烧烤后剩下的灰。

菜单上的开胃菜和小菜分成各种类型，分别配有生动活泼的标题，比如"在等待肉烤好时一定要尝尝""葡萄酒的好伙伴"等。"炸调味土豆""甜醋腌沙丁鱼"等1000日元以下的小菜种类丰富，可以轻松点单。另外在取菜名方面，牛肚包叫做"意式煮内脏"，生姜腌青椒叫做"falò式辣椒"，充满了小酒馆的气息。这里的菜品总是跳出规则之外，借用坚村仁尊主厨的话来说，"虽然正宗，不过都是些粗放的菜品"，可以说深受爱酒人士的欢迎。

"这是一家成熟男性会带着朋友一起来，就着喜欢的料理喝喜欢的酒的店。所以料理的价格都控制在5000日元左右。因为就我自己来说，如果菜品超过了这个价格，喝酒的时候就会在意价钱，不能尽情喝个够了。我想能不在意价钱尽情喝酒，这也是'休闲'的意义之一吧。"这家店的酒以意大利自然派葡萄酒为主，20多种按杯出售的酒是主打商品，价格主要集中在1000~1500日元，也有超过2000日元的昂贵品种，选择范围很广。

喝果渣酒的杯子是店里的员工和常客从意大利买来的。"我拜托他们尽量买有特色的杯子，因为可以借此和客人搭上话。"坚村说。

"因为菜品的味道都比较豪放，所以我选择了适合搭配这些菜品的葡萄酒。太优雅的酒不适合我们店。"

正如主厨所料，客人们花在菜品和酒上的钱几乎相同，客单价在8000~9000日元。据主厨说，最近喜欢享用餐后酒的客人也逐渐增多了。

桧森诚太郎

地址

大阪府茨木市西中条町2-12

电话|网址

072-657-8733|http://www.dasaro.exblog.jp

营业时间|休息日

11：30~15：00、17：30~23：00

周一、周二、周五白天休息，每月一次不定时闭店

重现西西里的饮食文化和氛围

    桧森诚太郎在意大利旅行时，被西西里岛的魅力所吸引，之后又数次拜访，充分接受了当地文化熏陶。独立开店后，他在第3次去意大利时学习了鱼肉菜品，第4次去时学习了肉类菜品和面衣、葡萄酒的做法。每次从意大利归来，他都会对自己店里的菜品进行局部改进，春夏时节会提供不使用肉类的"西西里岛海洋料理"套餐，冬季会提供不使用海鲜的"西西里岛大地料理"套餐，表现出西西里岛的日常。"每一顿饭，只从鱼或肉中选择一种，摄取动物性蛋白。"

    晚上的自选套餐会提供13道菜，其中包括7道开胃菜。开胃菜体现出西西里岛的特色，多使用冷冻食品、奶酪和加工食品。另外，在当地作为主菜的鱼或肉类菜品在这里常会降级为开胃菜。2月的某个晚上，"大地套餐的开胃菜"由乳清奶酪油条、调味驴肉、红橙沙拉、炸黑猪、煎牛犊肉、番茄炖香肠组成。再加上2种意大利面、主菜、水果、甜品（可以改成甜品酒）、咖啡、矿泉水，一共只要6000日元，极为优惠。

    按杯出售的红白葡萄酒各一种，同种酒可提供大、中、小3种容量。店里的烹饪和服务都由桧森独自完成，所以让客人自己倒酒的方式大大减轻了他的负担。不过，之所以只提供2种葡萄酒，还有更重要的原因，"当地的葡萄酒和菜品就像空气，能让客人沉浸在当地的饮食文化中，如果在西西里岛上喝到其他地方的葡萄酒，就显得多余了。"不过，日本的客人总是过于关注菜品和酒本身。桧森脑海中的西西里岛饮食文化应该是人们围坐在餐桌旁悠然自得地聊天，充分享受当地的氛围。

桧森诚太郎

1974年出生于广岛县。在大阪吹田和京都市内的餐厅积累了10年工作经验后，到西西里岛居住了一个半月。回国后，于2010年独立开店。2012年和2015年分别短暂闭店2个月，去西西里岛学习。

位于大阪茨木的店铺从大阪站坐车只需要15分钟，坐落在住宅区内。下车后走3分钟就能看到店铺所在的大楼，20多平方米的小巧空间中设置了8个座位，2楼设有洗手间和储藏室。套餐价格为白天3800日元，晚上6000日元，会免费提供1瓶矿泉水。

店里提供按杯出售的葡萄酒是以格里洛为主的白葡萄酒和以阿沃拉为主的红葡萄酒。1杯500日元，250mL为970日元，500mL为1840日元，1000mL为3580日元。另外还有约40种西西里当地品种的葡萄酿造的瓶装葡萄酒（3570~15000日元）。

佐竹大志

1975年出生于山形县。曾在东京的意式餐厅工作，2003年到意大利伦巴第大区等北部地区学习。回国后，于2012年在老家创办了属于自己的店。

这家餐厅坐落在距离山形站打车10分钟的商业区。有16张桌子，店里的冷柜被各种香肠塞得满满当当。

加工肉与葡萄酒是绝配。虽然会点整瓶酒的客人在增加，不过主要还是按杯出售，个性十足的产品种类众多。

"味道平和、价格亲民"，按杯出售的艾米利亚-罗马涅大区产的葡萄酒，红、白葡萄酒的价格都是每杯600日元。

佐竹大志

地址

山形县山行市阿古屋（AKOYA）町2-1-28

电话|网址

023-664-0765|http://www.ilcotechino.com

营业时间|休息日

18：00~22：00（最后下单时间）|周三休息（如遇节假日则正常营业，周四休息）

走在"自制"的最前线，提供加工肉的意大利餐厅

　　如今，日本全国各地注重"自制"料理的厨师都盯着一家位于山形市的餐厅，这就是"IL COTECHINO"。他们悄悄来到这里，目的就是见识一下店主兼主厨佐竹大志制作的加工肉。他每年制作的加工肉超过50种，甚至没有地方保存。佐竹笑着表示："客人喜欢，我就愿意开心地尝试新作品，结果就做多了。"

　　佐竹在意大利伦巴第大区学习时，曾深受加工肉文化的熏陶。在餐厅工作时，他听说附近的村子养猪，于是在那里学习了处理猪肉以及加工、发酵的工序。

　　回国后，佐竹通过自学不断提高，在2012年开了这家属于自己的餐厅。餐厅刚刚开业时，餐单上的开胃菜、意大利面、主菜等还是由传统意式料理构成的，2017年他下定决心将菜单换成了主打自制加工肉拼盘的套餐（4500日元）。开胃菜有意式肉肠等约10种加热火腿，以及约8种非加热的萨拉米和意式干火腿，极富冲击力。佐竹用老家种植的蔬菜做成鳀鱼酱料和泡菜，用来搭配加工肉，接下来的头盘、主菜（猪肉肠或脆皮烤肉，这些当然也都是自制的）、甜品同样分量十足。

　　从餐厅开张开始，这里就只提供自然派葡萄酒，不过"在山形，一提到葡萄酒，大家都会想到波尔多或勃艮第，说到意大利的葡萄酒就是巴罗洛。"所以一开始确实很难推广。"不过，我相信我的火腿和萨拉米最适合我选的酒，所以耐心坚持下来了，最后终于被大家接受了。"佐竹说。

　　"我能感受到靠我自身的努力，加工肉的品质在提高。"佐竹表达出自己的感受。去年，他建成了梦寐以求的专用发酵库。相信他很快就能解决当下的烦恼，也就是"做再多也会全都卖出去，其实我还想再多发酵一年。"

渡部龙太郎

渡部龙太郎
1975年出生于埼玉县。曾是公司职员，22岁成为厨师。从2001年开始在罗马学习了7年。回国后，于2011年进入"salone 2007"餐厅，第2年开始担任主厨。2014年独立开店。

地址

神奈川县横滨市中区元町1-21-1 Riba-saido 元町1楼

电话|网址

042-222-6101|http://www.riosbuongustaio.ciao.jp

营业时间|休息日

12：00～14：00（最后下单时间）、17：30～21：30（最后下单时间）|周日休息

餐厅位于距离横滨元町中华街站步行5分钟路程的运河旁。30平方米的狭长店铺里有11张桌子。

在横滨扎根的罗马"美食屋"

　　主厨渡部龙太郎原本就职于神奈川横滨的"salone2007"餐厅，后来独立开店时，依然选择了横滨元町。不过他并没有选择开一家熟悉的餐厅，而是开办了一家更加亲民的意式简餐店。他曾在意大利罗马学习了7年，因为忘不了那时熟悉的"简单却令人心里踏实的乡土料理的味道"，所以才开了这样一家小店。

　　店名中的"Rio"是渡部在意大利学习时的绰号，而"Buongustaio"在意大利语中则是"美食屋"的意思。店里的墙壁刷成了具有罗马特色的红色，一面墙上挂着约50种菜品的菜单。章鱼茴香橘子沙拉、焖茄子、猪颈肉香肠、牛肚包、酸辣番茄烟肉面、意式煎小牛肉、意式煎肉排，简直就是地地道道的罗马简餐店。

　　这里也有套餐，"不过简餐店的好处就在于可以选择自己喜欢的食物，所以我还是推荐单点。为了让大家能吃到各种食物，我减少了菜量，不过味道依然很地道。"渡部说。

　　15种开胃菜的价钱在700～1500日元，价格亲民，不过店里的鳀鱼和菊苣都用了从意大利进口的食材。"因为日本和意大利的蔬菜形状和口味差距都很大，所以我选择了意大利的食材，没有在意成本。"

店里有6种按杯出售（800～1000日元）的葡萄酒，整瓶酒的平均价格在6000日元左右。对于有明确预算的客人，还提供2小时畅饮套餐（6300日元，可选红、白葡萄酒各一种，包括啤酒），广受好评。

　　饮品主要是意大利的大众葡萄酒。因为附近的企业会来这里招待客户，所以也提供面向中年男性的威士忌，没想到很受欢迎。很多客人会点整瓶酒，所以销售额超出预想。

　　"点了威士忌的客人也会喝蒸馏酒，我会向他们推荐果渣酒，这也带动了餐后酒的销量。"

　　渡部希望以后能进入美食学领域，开店6年，餐厅的经营就进入了正轨，这也是他为下一步而做的准备。

也提供接待客户或新年聚会时喝的威士忌（一杯800～1000日元）。

金田真芳

1975年出生于神奈川县。在东京青山的"Felicita"餐厅工作了5年多。2010年10月独立开店。2017年，在经营Bricca餐厅的同时，在三轩茶屋开办了可以试饮和购买葡萄酒的葡萄酒仓库兼零售店"Pero"。

店铺坐落在从三轩茶屋站步行6分钟就能到达的商店街，设有4个吧台座和10张桌子。桌子上留着刨过的痕迹，使用了水泥灰浆地面，营造出高档而舒适的氛围。

金田与弗留利-威尼斯朱利亚大区的红酒制造人关系亲密，在"Pero"开张时，请他手写了店铺的标志。

店里有很多果渣酒和雅文邑酒，同时还会用葡萄酒渣发酵天然酵母面包和自制加工肉。

金田真芳

地址

东京都世田谷区三轩茶屋1-7-12

电话|网址

03-6322-0256|http://bricca.jp

营业时间|休息日

18：00~21：00（最后下单时间）
酒吧开放时间21：00~23：00|周日休息，不定期闭店

探寻套餐和单点菜品的最佳平衡

　　金田真芳开店已经有9年时间。他曾经在"Felicita"餐厅学习，从那里买来的自然派葡萄酒和看起来颇费功夫的菜品吸引了不少客人的目光，如今正在从酒吧向餐厅转型。过去，为了让客人享受"选择的快感"，菜品以单点为主，现在则变成了5000日元的套餐和约15种单点菜品。

　　"以前，这里主要是酒吧，客人喝酒比较多。最近这两三年，只吃饭不喝酒的客人渐渐增加了。这是我改变菜单的原因之一。另外，我自己的烹饪观念也发生了改变，与其努力控制成本，不如使用优质的食材，相应提高价格来保持收支平衡。综合这些想法，我做出了现在这份菜单。"

　　某一天的菜单开胃菜是蒜蓉鳕鱼泥和煎牡蛎，意大利面是墨鱼汁意大利细宽面，主菜是鲜鱼蔬菜锅、红酒炖牛脸肉配亚马孙可可粉，并且配有开胃小菜、甜点和咖啡。另外，单品有煎松鱼、青花鱼和山药锅、冰见自然放养猪腊肠等6道开胃菜（1400~2800日元），还有3种头盘和2种主菜。

　　套餐以大众化的菜品为中心，可以单点獾等特别的菜品，不过套餐中的菜品也可以单点，可以说"选择的乐趣"不减反增。

　　除了套餐，主厨在葡萄酒的搭配上也下足了功夫。套餐中的每一道菜都配有饮品，一共5000日元，金田对此提出了自己的想法："通过和套餐一起提供酒水，我可以根据烹饪的顺序，制定出更加立体的搭配方案。"

泷本贵士

地址

东京都世田谷区上马1-17-8

电话

03-6450-8539

营业时间|休息日

18：00~23：00（最后下单时间）|周日休息

泷本贵士
1976年出生于东京。毕业于意大利的烹饪学校，在皮埃蒙特大区和利古里亚大区学习了3年。回国后在"ristorante MASSA"餐厅（东京惠比寿）工作，之后在东京的多家餐厅担任主厨。2017年12月来到"NATIVO"，2018年4月开始担任主厨。

餐厅位于从三轩茶屋站步行10分钟的地方，设有12张吧台席和6张桌子。二楼的厨房同时开设了烹饪教室。

小巧时尚的"乡土料理"

　　离开喧嚣的东京三轩茶屋站，不远处就是安静的商店街，这里有一家每晚都座无虚席的餐厅，正是2017年开张的"NATIVO"。这里会提供精制的意大利乡土料理，可以单点，这里没有套餐和多余的接待，简洁的风格赢得了吃惯意式料理的熟客的心。

　　这里的主厨是在意大利北部学成归来的泷本贵士。菜单上有大约25种菜品，比如山葡萄果酱配猪肉腊肠、博洛尼亚式炸小牛排等，其中开胃菜就占了10种之多。既有最近才从意大利引进的法索内牛和南美产的亚马孙可可豆制成的菜品，也有以洋葱和南瓜等朴素的食材为主角的菜品。高品质的食材只需要简单烹饪，就能变成别处吃不到的美味。能提供看起来简单，却无法在别处吃到的菜品，这也是"NATIVO"受欢迎的原因之一。

　　这里的菜品是两人吃刚刚好的量，价格设定在1000~4200日元。目标受众是既不一味追求廉价也不一味追求昂贵的客人。泷本说："我经常听到当地的客人说三轩茶屋附近很难找到能安心坐下吃饭的餐厅，我这里的氛围和价格就是为了吸引客人不由自主地走进我的店里。住在附近的客人会觉得，不用去市中心，"NATIVO"就挺好；而住在远处的客人会想要特地来尝尝。这就是我心目中理想的餐厅。"

　　葡萄酒主要是按杯销售的产品，有8种之多，不拘泥于自然红酒。泷本有中级品酒师资格，选择了"与菜品搭配饮用会更美味"的正统派葡萄酒。"我注重的是菜品和葡萄酒搭配时，能呈现出稍显不完美的味道。这种感觉很微妙，比如稍稍强调菜品的酸味之类，特意错开平衡点，会让人更想要再喝一杯，更想要再吃一些。"

菜单分为常规和每日更换的菜品2种。每日更换的菜品写在小黑板上，服务员会为客人介绍。

按杯出售的葡萄酒价格从1000日元起，有时也会提供巴罗洛等名酒。泷本说："因为懂酒的客人很多，所以客人点单时，我也会给出另一款出自同一位生产者之手的酒供选择。"

西尾章平

1978年出生于大阪府。曾在东京自由之丘的"gianni"餐厅和酒类专卖店工作，2010年前往意大利学习。在皮埃蒙特大区学习了大约一年半后回到大阪。2016年开始独立开店。

开放式厨房旁边设有8个吧台座，4张桌子，餐厅面积40余平方米，营造出邀请客人来吃私房菜的氛围。除套餐（6000~7000日元，不含甜品和咖啡）外，还可以加其他单品（约10种，800日元左右）。

桌子上配有2只高脚杯，分别用来喝红葡萄酒和白葡萄酒，只要客人的杯子空了，西尾就会续上新酒。"喝得越多越划算。"西尾说。

店里存有从五六家酒类专卖店采购的近千瓶酒，西尾会选择时机正好、适合当日菜品的10种开瓶。按照西尾的话来说，即使无所顾忌地开怀畅饮，饮品的价格和套餐也差不多，客单价在12000日元左右。

西尾章平

地址

大阪府大阪市北区天满2-7-1

电话

06-6809-7376

营业时间|休息日

周一~周六18：00~24：00（最后下单时间）、周日14：00~22：00|周四休息

利用吧台席更好地展现"套餐"的魅力

在安静的大阪东天满一隅，店主兼主厨西尾章平独自一人经营着"gucite"餐厅，这里提供10~11道菜品组成的套餐，以及配合套餐饮用的葡萄酒，菜量少而种类繁多。烹饪、摆盘、上菜的工作全都由西尾独自完成，只要看到客人的杯子空了，他就会立刻倒酒，只有坐在吧台席，才能从他的一连串动作中感受到在餐厅用餐的感觉。西尾的餐厅人气颇高，生意兴隆，开店2年后，预约的客人已经排到几个月之后了。

"客人明明有想吃的菜品，却没办法选择，因此留下了遗憾。这是单点菜品的缺点。正是为了弥补这个缺点，我选择了现在的形式。因为想要提供给客人的菜品太多，所以我减少菜量并增加了种类，葡萄酒同样采用了少量多样的提供方法。这样一来，不仅我自己满意，客人也能享受更多的菜品。不过选择套餐的形式是为了我自己方便，所以我会尽量使用高成本的食材，葡萄酒也采用了统一价格，希望大家能觉得价格公道。"

这里的主要菜品是皮埃蒙特大区的家常菜。不过西尾并没有照搬乡土料理，为了搭配餐厅提供的意大利和法国自然葡萄酒，菜品进行了细微调整，甚至重新诠释。

"有的菜品会用香料和红酒炖肉，如果原样照搬，味道会过于浓郁。所以我会尝试用加入香料的葡萄酒腌肉，这样一来味道刚刚好。我经常会考虑修改菜谱。"

为了避免客人吃得疲惫，西尾减少了每一道菜的食材种类，完美平衡了酸味和鲜味，让客人频频想喝葡萄酒。西尾常说："要让客人在两道菜之间喝上一杯葡萄酒，让酒和菜融为一体。"

西田有宏

西田有宏
1981年出生于东京。毕业于高中食物专业，在东京的餐厅工作后来到茨城。2013年开始在"da dada"（茨城筑波）担任主厨，2017年独立开店。

地址

茨城县筑波市东新井17-3 2层

电话|网址

029-860-6007|http://gigi.jp

营业时间|休息日

周二～周六18：00～22：00（最后下单时间）|周一休息

餐厅从筑波站出发步行需要5分钟，设有22张桌子和4个吧台席。有15种开胃菜、6种头盘、7种主菜可供选择，客单价约6500日元。

在小城市"重现"乡土料理的未来

茨城县筑波市，从东京市中心坐车不到1小时。这里集中了多所大学和研究机构，意大利餐饮公司"vinaiota"的总部也坐落在这里，这家公司拥有多种个性派葡萄酒。"gigi"的主厨西田曾在"vinaiota"旗下的葡萄酒商店兼酒吧"da dada"担任主厨，他选择了在"与托斯卡纳气质相近"的筑波开一家自己的餐厅。

"这里能收获高品质的蔬菜，有很多野生动物栖息，而且与城市保持了距离……冬天，可以将自己捕获的猎物加入菜单。虽然筑波还称不上'日本的托斯卡纳'，不过这里的环境很适合我想要呈现的菜品。"

如果用一个词来形容西田的菜品，那就是"重现"。店里准备了30余种来自托斯卡纳和撒丁岛的菜品，西田原封不动地重现了当地令他感动的味道。同时，通过巧妙地编排菜单，他的菜品并没有仅仅停留在"重现"的阶段，而是充满更多的魅力。比如牛肚包并没有使用番茄，而是用清水煮制后做成热沙拉，出乎客人的意料。另外，佩科里诺奶酪配香梨和芹菜咸鱼子干只凭食材的组合就能在众多菜品中脱颖而出，自然而然地展现出高档的气息。

餐后酒价格1000日元起，有两三成客人会点。种类丰富，甚至还有"Romano Levi"的陈年葡萄酒。"gigi"会为每位客人免费提供1瓶500mL的矿泉水，这项服务颇受好评。

"筑波是一片独特的土地，这里有很多熟悉意大利料理的客人，比如医生和研究人员，所以这样的菜品会很自然地被他们接受。相反，在这个人人有车的社会中，葡萄酒很难销售。所以我总是在一次次试验，尝试形成'让客人吃过后想要喝一杯，喝过后想要吃一盘'的循环"。

店里的葡萄酒选择了意大利的自然派葡萄酒。西田笑着说："我并没有因为曾在'dadada'工作，就优先采购那里的酒。"很多客人来这家店，就是冲着西田一点点耐心收集的稀有葡萄酒和果渣酒。虽说如此，西田依然表示"这里并非葡萄酒吧，所以我至少要让菜品的实力和葡萄酒不相上下。"一边和客人聊天，一边挑选适合吃饭时喝的酒，这是西田的乐趣。

摆放多种稀有葡萄酒的酒柜。店里没有瓶装酒的菜单，而是通过主厨与客人直接交流来推荐。另外还准备了10～12种按杯出售的葡萄酒。"喜欢喝酒的人会喝，也有些客人只要水"，为了解决这个在小城市才会有的烦恼，店里的葡萄酒以每杯800～1300日元的优惠价格提供。

安藤曜磁
1984年出生于鸟取县。在京都和东京的"IL GHIOTTONE"学习了9年，曾在东京银座的餐厅担任主厨，2018年"Quindi"开张时，开始担任这里的主厨。

2018年3月开张。面积超过100平方米，设有37个座位和商店区。白天提供意大利面套餐和单点菜品，晚上以50种单点菜品（500~4500日元）为主，客单价在9000日元左右。

（上）商店区除了葡萄酒，同样会出售店里使用的食材和调味料。可以花200日元开瓶费，在店里享用自己购买的葡萄酒。
（下）首席品酒师盐原弘太。

按杯出售的葡萄酒。产地仅为意大利和日本，每天提供10种左右，价格在800~1500日元。前排左起第2瓶是"Quindi"用山形县葡萄酿造的自制葡萄酒。

Quindi

安藤曜磁

地址
东京都涉谷区上原2-48-12 东洋代代木上原copo101

电话|网址
03-6407-0703|http://www.quindi-tokyo.net

营业时间|休息日
11：30~14：00（最后下单时间）、18：00~22：00（最后下单时间）
商店 11：00~23：00|周三休息

餐厅和商店并重，传递食材和葡萄酒的魅力

一走进"Quinti"，映入眼帘的是占据整面墙壁的巨大葡萄酒柜。摆在里面的所有瓶装葡萄酒都能在店里买到。既可以在店里享用，也可以带回家。在这里，经常能看到客人和首席品酒师盐原弘太一边交谈一边选购葡萄酒。

盐原和主厨安藤曜磁都曾是"IL GHIOTTONE"的员工，他们沿袭了那里积极使用日本食材的风格，在餐厅开张前曾去全国各地拜访各种各样的生产者，然后用他们生产的食材做菜。餐厅以单点为主，小吃（8种，500~1000日元）有京都田鹤先生冻番茄、炸意大利团子等，还有类似于本书中介绍的开胃菜（1400~2000日元）12种、意大利面和炒饭10种、主菜9种。安藤说他烹饪时关注的是做出"让人回味无穷的菜品"。

"葡萄酒从培育葡萄开始，最快也要花好几年时间才能酿好。考虑到时间的沉淀，菜品应该仔细平衡味道的层次和与葡萄酒的搭配。我希望做出令人回味无穷的菜品，打造出厚重感和层次感。"

饮品除了意大利和日本的葡萄酒之外，为了满足女性客人的需求，还准备了多种果汁和茶等无酒精饮料。按杯出售的葡萄酒有10多种（900日元起），搭配套餐的葡萄酒更是达到了"应有尽有的程度"。

"虽然只喝一点儿，但是能喝到很多种类也会很开心，不过这样一来会削弱客人对每杯酒的记忆。而且我们这里的葡萄酒有很多优质品种，所以需要增加分量，让客人能充分体会酒的滋味。"盐原表示。

出于同样的理由，菜品以单点为主，每道菜都有自己的故事，盐原和安藤希望客人能充分享受每一道菜品，留下深刻的印象。

自制酱汁与配菜

鳀鱼酱（falò）

51、67、70、92、164页

材料（方便制作的量）

鳀鱼	200g
蒜碎	25g
特级初榨橄榄油	50mL

做法

将所有材料混合后用搅拌机搅拌成糊。

青酱（falò）

75、99、134页

材料（方便制作的量）

欧芹叶	60g
芹菜叶	50g
蒜碎	3g
香葱碎	7g
刺山柑花蕾（醋腌）	7g
鳀鱼	3g
烤松子	5g
特级初榨橄榄油	130mL

做法

将所有材料混合后用搅拌机搅拌成糊。

炭盐（falò）

70、99、144、164页

材料（方便制作的量）

洋葱	适量
盐	与炭烤过的洋葱相同分量

做法

1｜在烤盘上铺烘焙纸，摆上切片的洋葱，放入200℃预热的烤箱中，一边搅拌一边烤到炭化。

2｜将洋葱和盐放入搅拌机中打成细颗粒。

番茄酱（Rio's Buongustaio）

33、133页

材料（方便制作的量）

番茄（去皮）	2.5kg
炒蔬菜（洋葱、胡萝卜等）	250g
盐	10g
细砂糖	10g

做法

1｜所有食材放入锅中炖煮20分钟。

2｜煮至黏稠后用搅拌机搅拌。

番茄酱（gucite）

44、96页

材料（方便制作的量）

番茄	5个
蒜	1瓣
罗勒	适量
番茄汁	150mL
盐、橄榄油	各适量

做法

1｜橄榄油倒入锅中，加入切成大块的番茄、蒜和罗勒后翻炒，小火煮至水分蒸发。

2｜加入番茄汁煮沸，加盐调味。

青酱（gucite）

46、134页

材料（方便制作的量）

欧芹	150g
鳀鱼	10条
刺山柑花蕾（醋腌）	20个
煮鸡蛋蛋黄	1个
特级初榨橄榄油	20mL
胡椒粉	少许

做法

将所有食材放入搅拌机中搅匀。

盐渍鳕鱼（gucite）

104页

材料（方便制作的量）

鳕鱼 ·· 1条
岩盐 ·· 适量

做法

1 | 鳕鱼切成3片，摆在方形盘上，撒岩盐，盖住鳕鱼片，用保鲜膜包裹后冷藏。

2 | 每天晚上倒掉鳕鱼片中渗出的水分并加岩盐，重复10天到2周，至不再有水分渗出。

3 | 鳕鱼表面干燥后用流水冲洗两天，去盐分。

4 | 切1小块鳕鱼，烤过后尝味道，味道稍咸为佳（肉厚的地方咸味刚好）。擦干鳕鱼上的水分，在冷藏室中静置一两晚，风干。

蛋黄酱（gucite）

63、137页

材料（方便制作的量）

蛋黄 ··· 2个
白葡萄酒 ·· 60mL
芥末（法国产）····································· 1大勺
盐、白胡椒粉、色拉油 ···················· 各适量

做法

将所有材料混合后用搅拌机搅拌成糊。

茼蒿青酱（Quindi）

95页

材料（方便制作的量）

茼蒿 ··· 400g
鳀鱼 ··· 4条
松子、蒜、盐、特级初榨橄榄油
··· 各适量

做法

1 | 茼蒿切丁，放盐和特级初榨橄榄油，装入袋子中抽真空。

2 | 用85℃的水隔水加热20分钟。

3 | 取出茼蒿，用搅拌机搅拌，加鳀鱼、松子、切碎的蒜和特级初榨橄榄油后搅拌至乳化，加盐调味。

撒丁岛面包（Quindi）

108页

材料（方便制作的分量）

酵母种 ·· 100g
葡萄渣※、水 ·································· 各适量
黑麦粉 ·· 300g
高筋面粉 ·· 200g
水 ··· 300mL
盐 ·· 12g

※ 酿酒后剩余的葡萄皮和葡萄籽。

做法

1 | 制作酵母种。将葡萄渣放入搪瓷锅中，倒水没过食材，充分搅拌。浸泡5天，不断搅拌、发酵。

2 | 在倒入黑麦粉、高筋面粉、水和盐的碗中放入步骤1的材料，搅拌均匀，盖上保鲜膜，在冷藏室中发酵两三天。

3 | 压出空气，加入发酵粉（材料外）二次发酵。

4 | 放入炖锅中加热，用刀划开表面，防裂。

5 | 连锅放入240℃预热的蒸汽烤箱中，加热15分钟。

6 | 从锅中取出面包，放进180℃预热的蒸汽烤箱中加热10分钟，翻面后继续烤5分钟。

芥末（Quindi）

73、149页

材料（方便制作的量）

有机芥末 ·· 400g
盐水（浓度1%）······························ 300mL
白葡萄酒醋、意大利白醋、盐、特级初
榨橄榄油、细砂糖 ························· 各适量

做法

1 | 将有机芥末在盐水中浸泡1天，放在滤网中沥干水分。

2 | 取同样分量的白葡萄酒醋和意大利白醋，混合。

3 | 将芥末放入容器中，加步骤2的醋没过食材，发酵2天以上。

4 | 用搅拌机打成大粒，加盐和特级初榨橄榄油，如有需要可加细砂糖调味。

食材索引

图书在版编目（CIP）数据

意大利料理招牌开胃菜146款 / 日本柴田书店编；佟凡译. —
北京：中国轻工业出版社，2021.6

　　ISBN 978-7-5184-3400-8

　　Ⅰ.①意… Ⅱ.①日… ②佟… Ⅲ.①菜谱–意大利
Ⅳ.① TS972.185.46

中国版本图书馆 CIP 数据核字（2021）第 029965 号

责任编辑：胡　佳　　责任终审：劳国强　　整体设计：锋尚设计
责任校对：朱燕春　　责任监印：张京华

出版发行：中国轻工业出版社（北京东长安街6号，邮编：100740）
印　　刷：北京博海升彩色印刷有限公司
经　　销：各地新华书店
版　　次：2021年6月第1版第1次印刷
开　　本：787×1092　1/16　印张：13
字　　数：250千字
书　　号：ISBN 978-7-5184-3400-8　定价：98.00元
邮购电话：010-65241695
发行电话：010-85119835　传真：85113293
网　　址：http://www.chlip.com.cn
Email：club@chlip.com.cn
如发现图书残缺请与我社邮购联系调换
200208S1X101ZYW